かけ算のふく習

むずかしさ
☆☆★

月　日　名前

め　時　　　寺　分

JN048004

1 計算をしましょう。　〔1問　4点〕

① 　94
　×　2

② 　83
　×　3

③ 　72
　×　4

④ 　61
　×　5

⑤ 　123
　×　　2

⑥ 　130
　×　　3

⑦ 　743
　×　　4

⑧ 　856
　×　　5

⑨ 　315
　×　　6

⑩ 　457
　×　　7

⑪ 　521
　×　　8

⑫ 　706
　×　　9

2 計算をしましょう。

① 　64
　×26

② 　71
　×54

③ 　92
　×60

④ 　87
　×95

⑤ 　71
　×38

⑥ 　653
　×　40

⑦ 　123
　×　34

⑧ 　345
　×　60

⑨ 　837
　×　69

⑩ 　708
　×　26

⑪ 　561
　×　98

⑫ 　6700
　×　560

⑬ 　9600
　×　480

©くもん出版

かけ算のひっ算を思い出そう。

2

点

2 わり算のふく習（1）

月　日　名前　

1 計算をしましょう。　〔1問　2点〕

① 72÷9＝

② 78÷3＝

③ 92÷4＝

④ 43÷5＝

⑤ 70÷6＝

⑥ 82÷7＝

2 計算をしましょう。　〔1問　4点〕

① 7)89

② 8)95

③ 2)196

④ 3)230

⑤ 4)348

⑥ 5)637

⑦ 6)846

⑧ 4)831

⑨ 7)920

⑩ 9)872

3 計算をしましょう。 〔1問 4点〕

① 21〉63

⑤ 65〉525

⑨ 46〉450

② 32〉160

⑥ 76〉472

⑩ 67〉601

③ 43〉344

⑦ 23〉360

⑪ 89〉700

④ 54〉380

⑧ 34〉782

⑫ 92〉838

わり算のあん算とひっ算を思い出そう。

点

4

3 チェックテスト（1）

1・2のまとめ

月　　日　　名前

 時　分　 時　分

---

1 次の計算をしましょう。　　　　　　　　　　〔1問　2点〕

① 　94
　× 　6

③ 　76
　× 　8

⑤ 　420
　× 　　5

⑦ 　583
　× 　　4

② 　48
　× 　3

④ 　27
　× 　5

⑥ 　638
　× 　　7

⑧ 　716
　× 　　9

---

2 次の計算をしましょう。　　　　　　　　　　〔1問　4点〕

① 　89
　×48

② 　46
　×70

③ 　38
　×69

④ 　739
　× 　86

---

3 次の計算をしましょう。　　　　　　　　　　〔1問　4点〕

① 　597
　× 　47

③ 　748
　× 　40

⑤ 　4800
　× 　760

② 　686
　× 　24

④ 　803
　× 　72

©くもん出版

5

4 次の計算をしましょう。　〔1問　4点〕

① 94÷4＝

② 80÷9＝

③ 87÷3＝

④ 96÷7＝

⑤ 7)685

⑥ 3)713

⑦ 8)860

⑧ 6)804

5 次の計算をしましょう。　〔1問　4点〕

① 69)620

② 24)900

③ 53)477

④ 78)555

© くもん出版

答え合わせをして点数をつけてから，99ページ
の アドバイス を読もう。

□ 点

4 小数のたし算(1)

月　日　名前

はじめ　時　分　おわり　時　分

1 小数のたし算をしましょう。

〔1問　3点〕

・れ　い・

$$0.2 + 0.5 = 0.7$$

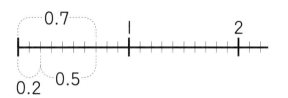

0.2のような数を**小数**といい,『 **.** 』を**小数点**といいます。

❶ 0.3＋0.3＝

❷ 0.3＋0.4＝

❸ 0.3＋0.5＝

❹ 0.3＋0.6＝

❺ 0.3＋0.7＝

☝ 1.0としないで
1とします。

❻ 2.4＋3.2＝5.6

❼ 2.4＋4.3＝

❽ 2.4＋5.4＝

❾ 2.4＋6.5＝

❿ 2.4＋6.6＝

☝ 9.0としないで
9とします。

2 小数のたし算をしましょう。

〔1問　3点〕

・れ　い・

$$0.2 + 0.9 = 1.1 \qquad 5.7 + 3.8 = 9.5$$

❶ 0.3＋0.8＝

❷ 0.3＋0.9＝

❸ 0.4＋0.9＝

❹ 0.5＋0.9＝

❺ 0.6＋0.9＝

❻ 4.3＋2.8＝

❼ 5.4＋2.6＝

❽ 8.4＋3.5＝

❾ 9.3＋6.9＝

❿ 0.3＋1.7＝

3 小数のたし算をしましょう。

〔1問 4点〕

・ れ い ・

$$
\begin{array}{r}
2.57 \\
+\ 3.16 \\
\hline
5.73
\end{array}
\qquad
\begin{array}{r}
14.8 \\
+\ \ 3.9 \\
\hline
18.7
\end{array}
\qquad
\begin{array}{r}
3.4 \\
+17.8 \\
\hline
21.2
\end{array}
\qquad
\begin{array}{r}
12.5 \\
+\ \ 5.73 \\
\hline
18.23
\end{array}
$$

小数のたし算は，小数点のいちをそろえて計算します。

---

① 1.26＋3.37＝

⑥ 3.7＋16.3＝

👆 20.0としないで20とします。

② 3.24＋0.38＝

⑦ 14.6＋9＝

③ 46.5＋25.9＝

⑧ 7＋16.4＝

④ 13.4＋2.7＝

⑨ 13.8＋2.27＝

⑤ 5.6＋17.5＝

⑩ 3.64＋15.7＝

©くもん出版

小数のたし算は，できたかな。まちがえた問題は，もう一度やり直してみよう。

点

5 小数のたし算(2)

月　日　名前

1 計算をしましょう。

〔1問　5点〕

① 5.4＋3.9＝

② 14.2＋7.8＝

③ 1.3＋0.8＝

④ 3.28＋2.57＝

⑤ 3.26＋3.8＝

⑥ 5.4＋4.68＝

⑦ 3.47＋1.23＝

 4.70としないで
4.7とします。

⑧ 12.35＋0.8＝

⑨ 2.035＋1.842＝

⑩ 4.125＋3.273＝

2 計算をしましょう。　〔1問　5点〕

❶ 2.56＋25.6＝

❷ 13.47＋2.47＝

❸ 14.83＋3.46＝

❹ 0.02＋0.18＝

❺ 2.043＋0.007＝

❻ 4.27＋13.594＝

❼ 5.351＋2.29＝

❽ 13.56＋2.237＝

❾ 26.243＋0.867＝

❿ 35＋5.129＝

全部できたかな。あいているところで，ひっ算を書いて計算してもよいよ。

10

点

6 小数のひき算(1)

むずかしさ ★★☆

| 月 日 | 名前 | はじめ 時 分 おわり 時 分 |

1 小数のひき算をしましょう。 〔1問 5点〕

・ れ い ・

0.8−0.3＝0.5   4.3−1.6＝2.7

---

① 0.8−0.1＝ ☐

② 0.9−0.5＝

③ 2.6−0.4＝

④ 4.6−1.4＝

⑤ 1.3−0.4＝

⑥ 2.5−0.7＝

⑦ 3−0.8＝

⑦は，3を3.0と考えてみる
とわかりやすいよ。
3.0−0.8＝2.2

⑧ 5.3−1.6＝

⑨ 7.2−3.7＝

⑩ 8.1−1.7＝

2 小数のひき算をしましょう。

〔1問 5点〕

・れい・

```
  7.5 6        3 2.4         3.2 4          2.3 0
− 2.8 6      −   6.7       − 2.6        − 1.1 6
  4.7 0        2 5.7         0.6 4          1.1 4
```

小数のひき算は，小数点のいちをそろえて計算します。

---

❶ 2.52−1.32＝

❷ 5.82−2.58＝

❸ 24.6−7.9＝

❹ 7.64−3.2＝

❺ 8.46−2.5＝

❻ 2.38−1.6＝

❼ 3.7−1.24＝

❽ 3.2−0.28＝

❾ 12−0.7＝

❿ 10−0.2＝

©くもん出版

小数のひき算は，できたかな。まちがえた問題は，もう一度やり直してみよう。

点

| 月 日 | 名前 | はじめ 時 分 | おわり 時 分 |

1 計算をしましょう。　　　　　　　　　　〔1問 5点〕

① $5-0.3=$ ☐

② $10-0.3=$

③ $20-0.3=$

④ $1.25-0.07=$

⑤ $2-0.07=$

⑥ $0.1-0.07=$

⑦ $1-0.07=$

⑧ $10-0.07=$

⑨ $100.1-0.3=$

⑩ $100-0.3=$

2 計算をしましょう。

❶ $0.09 - 0.01 =$

❷ $2.4 - 0.24 =$

❸ $13.4 - 0.48 =$

❹ $12.54 - 0.8 =$

❺ $17.03 - 3.8 =$

❻ $1.25 - 0.81 =$

❼ $4.23 - 2.89 =$

❽ $4.567 - 1.231 =$

❾ $2.255 - 1.238 =$

❿ $3 - 0.42 =$

むずかしかった問題は、けん算をして答えをた
しかめてみよう。

点

月　日　名前

はじめ　時　分　おわり　時　分

---

1 計算をしましょう。　　　　　　　　　　〔1問　2点〕

> ・ **れ い** ・
>
> 0.3×2＝0.6　　　0.3×3＝0.9　　　0.3×4＝1.2

① 0.2×3＝

② 0.2×4＝

③ 0.4×2＝

④ 0.4×3＝

⑤ 0.4×4＝

⑥ 0.4×6＝

⑦ 0.4×8＝

⑧ 0.4×10＝　　☞4.0としないで
　　　　　　　　　4とします。

⑨ 0.6×2＝

⑩ 0.6×3＝

⑪ 0.6×4＝

⑫ 0.6×7＝

⑬ 0.7×2＝

⑭ 0.7×4＝

⑮ 0.9×4＝

⑯ 0.9×5＝

⑰ 0.5×4＝

⑱ 0.5×7＝

⑲ 0.8×5＝

⑳ 0.8×9＝

計算をしましょう。

〔1問　3点〕

・ れ い ・

$$1.2 \times 2 = 2.4 \qquad 3.5 \times 3 = 10.5$$

---

❶ $1.2 \times 4 =$

❷ $3.1 \times 2 =$

❸ $3.1 \times 4 =$

❹ $1.4 \times 2 =$

❺ $1.4 \times 3 =$

❻ $1.4 \times 6 =$

❼ $2.3 \times 2 =$

❽ $2.3 \times 3 =$

❾ $2.3 \times 6 =$

❿ $1.2 \times 5 =$

⓫ $1.2 \times 8 =$

⓬ $1.2 \times 10 =$

⓭ $2.4 \times 3 =$

⓮ $2.4 \times 5 =$

⓯ $1.6 \times 2 =$

⓰ $1.6 \times 4 =$

⓱ $3.6 \times 2 =$

⓲ $3.6 \times 4 =$

⓳ $2.5 \times 3 =$

🖝 6.0としないで
6とします。

⓴ $2.5 \times 4 =$

答えを書き終わったら，見直しをして，まちが
いを少なくしよう。

点

月　　日　　名前

 時　分　 時　分

1 計算をしましょう。　　　　　　　　〔1問　4点〕

れ　い

① まず，14×3の計算をする。　　→　　14
　　　　　　　　　　　　　　　　　　　×　3
　　　　1.4　　　　　　　　　　　　　4 2
　　×　　3
　　　4.2　　② 次に小数点をつける。　　→　　1.4
　　　　　　　　　　　　　　　　　　　×　3
　　　　　　　　　　　　　　　　　　　4.2

(1)　　1.3
　　×　　4
　　□.□

(2)　　1.3
　　×　　6

(3)　　1.3
　　×　　8

(4)　　1.6
　　×　　3

(5)　　1.6
　　×　　5
　　□.0　☜8.0としないで
　　　　　　8.0とします。

(6)　　1.8
　　×　　5

(7)　　2.4
　　×　　6

(8)　　3.6
　　×　　4

(9)　　4.2
　　×　　7

(10)　　2.9
　　×　　6

(11)　　0.7
　　×　　8

(12)　　4.3
　　×　　5

(13)　　2.8
　　×　　9

2 計算をしましょう。

〔1問 3点〕

① 1.2
　× 6

② 5.4
　× 3

③ 2.7
　× 8

④ 3.5
　× 4

⑤ 0.9
　× 7

⑥ 7.2
　× 4

⑦ 5.8
　× 6

⑧ 4.9
　× 8

⑨ 12.4
　× 3

⑩ 12.8
　× 5

⑪ 21.4
　× 2

⑫ 24.6
　× 4

⑬ 30.7
　× 8

⑭ 42.5
　× 6

⑮ 18.2
　× 8

⑯ 27.4
　× 9

答えを書き終わったら，見直しをして，まちがいを少なくしよう。

点

月　日　名前

はじめ　時　分　おわり　時　分

1 計算をしましょう。　〔1問　4点〕

| **れ い** |

① まず，116×3の計算をする。　→

```
    1.1 6
  ×     3
    3.4 8
```

```
    1 1 6
  ×     3
    3 4 8
```

② 次に小数点をつける。　→

```
    1.1 6
  ×     3
    3:4 8
```

❶
```
  1.2 8
×     3
```

❷
```
  1.2 8
×     4
```

❸
```
  1.2 8
×     5
```
☛6.40としないで
　6.40とします。

❹
```
  2.1 4
×     2
```

❺
```
  2.1 4
×     6
```

❻
```
  3.2 6
×     3
```

❼
```
  3.2 6
×     5
```

❽
```
  1.6 3
×     2
```

❾
```
  1.2 4
×     7
```

❿
```
  2.7 6
×     3
```

⓫
```
  4.2 3
×     4
```

⓬
```
  3.8 2
×     5
```

⓭
```
  2.7 4
×     9
```

2 計算をしましょう。 〔1問 3点〕

①
```
  1.24
×    3
```

②
```
  1.28
×    5
```

③
```
  0.75
×    3
```

④
```
  2.07
×    4
```

⑤
```
  0.64
×    6
```

⑥
```
  0.39
×    5
```

⑦
```
  3.06
×    7
```

⑧
```
  1.08
×    4
```

⑨
```
  2.46
×    4
```

⑩
```
  4.03
×    5
```

⑪
```
  0.92
×    6
```

⑫
```
  3.84
×    5
```

⑬
```
  2.03
×    8
```

⑭
```
  0.47
×    6
```

⑮
```
  0.047
×     6
─────────
  0.□□□
```

⑯
```
  0.236
×     4
```

答えを書き終わったら，見直しをして，まちがいを少なくしよう。

点

月　　日　　名前

はじめ　時　分　おわり　時　分

1 計算をしましょう。　　　　　　　　　　〔1問　4点〕

```
   1.6
 × 1 4
 ─────
   6 4
 1 6
 ─────
 2 2.4
```

①　　1.6
　　× 1 2

⑤　　2.3
　　× 2 5

⑨　　4.6
　　× 2 5

②　　1.6
　　× 2 3

⑥　　3.4
　　× 1 6

⑩　　5.2
　　× 2 8

③　　2.3
　　× 1 4

⑦　　3.8
　　× 2 7

④　　2.3
　　× 1 8

⑧　　4.2
　　× 1 7

2 計算をしましょう。

①　　1.6
　　×1 3

②　　1.8
　　×1 7

③　　2.4
　　×1 3

④　　1.7
　　×2 6

⑤　　1.5
　　×2 9

⑥　　1.8
　　×3 2

⑦　　1.9
　　×4 3

⑧　　3.2
　　×2 5

⑨　　3.8
　　×2 7

⑩　　4.5
　　×3 6

⑪　　5.6
　　×2 7

⑫　　6.3
　　×4 6

©くもん出版

まちがえた問題は, やり直して, どこでまちが
えたのかをよくたしかめておこう。

22

点

小数のかけ算（5）

| 月　　日 | 名前 | はじめ　時　分　おわり　時　分 |

1 計算をしましょう。　　　　　　　　　　　　　　〔1問　4点〕

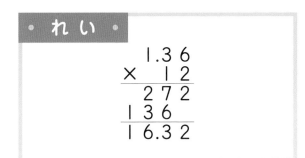

れ　い

```
    1.3 6
×     1 2
─────────
    2 7 2
  1 3 6
─────────
  1 6.3 2
```

①
```
  1.3 6
×   1 4
```

⑤
```
  1.5 6
×   2 9
```

⑨
```
  4.6 8
×   3 4
```

②
```
  1.4 8
×   1 3
```

⑥
```
  1.2 4
×   4 6
```

⑩
```
  5.0 3
×   2 8
```

③
```
  2.1 3
×   1 8
```

⑦
```
  3.1 5
×   2 6
```

④
```
  1.7 2
×   2 4
```

⑧
```
  3.0 6
×   2 7
```

2 計算をしましょう。

〔1問　5点〕

①
```
  1.42
×   14
```

⑤
```
  2.45
×   26
```

⑨
```
  3.28
×   37
```

②
```
  1.64
×   16
```

⑥
```
  2.09
×   38
```

⑩
```
  4.65
×   29
```

③
```
  2.34
×   18
```

⑦
```
  2.73
×   34
```

⑪
```
  5.07
×   38
```

④
```
  1.93
×   24
```

⑧
```
  3.14
×   20
```

⑫
```
  5.38
×   46
```

まちがえた問題は，やり直して，どこでまちがえたのかをよくたしかめておこう。

□点

13 小数のかけ算（6）

むずかしさ ★★☆

月　日　名前

はじめ　時　分　おわり　時　分

1 計算をしましょう。

〔1問　4点〕

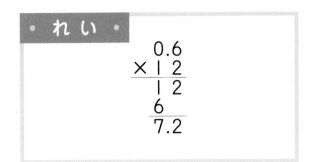

れい

$$
\begin{array}{r}
0.6 \\
\times\ 1\ 2 \\
\hline
1\ 2 \\
6 \\
\hline
7.2
\end{array}
$$

①
$$
\begin{array}{r}
0.6 \\
\times\ 1\ 4 \\
\hline
\end{array}
$$

⑤
$$
\begin{array}{r}
0.7 \\
\times\ 1\ 5 \\
\hline
\end{array}
$$

⑨
$$
\begin{array}{r}
0.9 \\
\times\ 3\ 4 \\
\hline
\end{array}
$$

②
$$
\begin{array}{r}
0.8 \\
\times\ 1\ 7 \\
\hline
\end{array}
$$

⑥
$$
\begin{array}{r}
0.4 \\
\times\ 2\ 3 \\
\hline
\end{array}
$$

⑩
$$
\begin{array}{r}
0.7 \\
\times\ 4\ 6 \\
\hline
\end{array}
$$

③
$$
\begin{array}{r}
0.7 \\
\times\ 1\ 4 \\
\hline
\end{array}
$$

⑦
$$
\begin{array}{r}
0.6 \\
\times\ 2\ 8 \\
\hline
\end{array}
$$

④
$$
\begin{array}{r}
0.7 \\
\times\ 2\ 6 \\
\hline
\end{array}
$$

⑧
$$
\begin{array}{r}
0.8 \\
\times\ 3\ 2 \\
\hline
\end{array}
$$

©くもん出版

25

① 0.7
　×19

⑤ 0.8
　×32

⑨ 0.8
　×49

② 0.8
　×27

⑥ 0.9
　×36

⑩ 0.9
　×53

③ 0.7
　×28

⑦ 0.6
　×38

⑪ 0.8
　×54

④ 0.9
　×25

⑧ 0.7
　×42

⑫ 0.9
　×67

©くもん出版

まちがえた問題は，やり直して，どこでまちがえたのかをよくたしかめておこう。

　点

月　日　名前

はじめ　時　分　おわり　時　分

1 計算をしましょう。　　　　　　　　　　　　　　　〔1問　4点〕

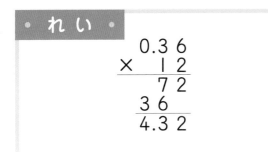

```
   れ い
        0.3 6
    ×    1 2
        7 2
      3 6
      4.3 2
```

①
```
   0.3 6
×    1 4
```

②
```
   0.2 8
×    1 3
```

③
```
   0.3 2
×    1 6
```

④
```
   0.2 5
×    1 4
```

⑤
```
   0.4 3
×    1 5
```

⑥
```
   0.3 2
×    2 7
```

⑦
```
   0.4 6
×    2 8
```

⑧
```
   0.2 4
×    4 7
```

⑨
```
   0.3 9
×    3 2
```

⑩
```
   0.5 2
×    2 0
```

2 計算をしましょう。

〔1問 5点〕

① 0.24
× 14

⑤ 0.27
× 17

⑨ 0.29
× 33

② 0.24
× 21

⑥ 0.35
× 23

⑩ 0.37
× 35

③ 0.34
× 13

⑦ 0.35
× 33

⑪ 0.42
× 26

④ 0.34
× 25

⑧ 0.29
× 14

⑫ 0.44
× 31

まちがえた問題は，やり直して，どこでまちが
えたのかをよくたしかめておこう。

点

月　日　名前

はじめ　時　分　おわり　時　分

1 計算をしましょう。　　　　　　〔1問　4点〕

れい

① まず，16×3の計算をする。　→

```
  16
× 0.3
  4.8
```

```
  16
×  3
  48
```

② 次に小数点をつける。　→

```
  16
× 0.3
  4.8
```

①
```
  12
×0.4
```

②
```
  12
×0.7
```

③
```
  12
×0.8
```

④
```
  18
×0.6
```

⑤
```
  18
×0.7
```

⑥
```
  25
×0.3
```

⑦
```
  25
×0.4
```

⑧
```
  25
×0.9
```

⑨
```
  29
×0.4
```

⑩
```
  29
×0.7
```

⑪
```
  36
×0.4
```

⑫
```
  37
×0.4
```

⑬
```
  43
×0.5
```

©くもん出版

小数をかける計算にちょうせんしよう。

2 計算をしましょう。

〔1問 3点〕

① 18
×0.9

② 34
×0.6

③ 62
×0.8

④ 73
×0.2

⑤ 57
×0.3

⑥ 45
×0.6

⑦ 25
×0.7

⑧ 28
×0.9

⑨ 46
×0.4

⑩ 9
×0.8

⑪ 123
× 0.4

⑫ 162
× 0.8

⑬ 236
× 0.8

⑭ 264
× 0.3

⑮ 342
× 0.7

⑯ 485
× 0.5

まちがえた問題は，もう一度やり直してみよう。

点

月　日　名前

はじめ　時　分　おわり　時　分

1 計算をしましょう。（わりきれるまで）　〔1問　5点〕

れい

$$0.4 \div 2 = 0.2 \qquad 4.2 \div 3 = 1.4$$

---

① $0.4 \div 4 =$

② $0.6 \div 2 =$

③ $0.6 \div 3 =$

④ $0.9 \div 3 =$

⑤ $2.5 \div 5 =$

⑥ $3.6 \div 4 =$

⑦ $3.6 \div 6 =$

⑧ $3.6 \div 3 =$

⑨ $4.8 \div 2 =$

⑩ $4.8 \div 3 =$

⑪ $5.4 \div 3 =$

⑫ $6.5 \div 5 =$

©くもん出版

2 計算をしましょう。（わりきれるまで） 〔1問 5点〕

・ れい ・

$$2\overline{)4.26} = 2.13$$

$$3\overline{)65.1} = 21.7$$

$$8\overline{)5.20} = 0.65$$

① $2\overline{)2.46}$ = □.□□

⑤ $6\overline{)33.6}$

② $6\overline{)7.26}$

⑥ $5\overline{)4.6}$ = 0.□□

③ $3\overline{)5.43}$

⑦ $6\overline{)3.36}$

④ $4\overline{)45.6}$

⑧ $7\overline{)0.63}$

全部できたかな。まちがえた問題は，もう一度
やり直してみよう。

©くもん出版

32

点

月　日　名前

はじめ　時　分　おわり　時　分

1 計算をしましょう。（わりきれるまで）　　〔1問　5点〕

> **れい**
>
> $4\overline{)54}$　　⟶　　$\begin{array}{r} 13.5 \\ 4\overline{)54.0} \end{array}$

❶ $\begin{array}{r} \square\square.\square \\ 2\overline{)25.0} \end{array}$

❷ $6\overline{)63}$

❸ $8\overline{)84}$

❹ $\begin{array}{r} \square.\square \\ 4\overline{)18} \end{array}$

❺ $5\overline{)34}$

❻ $6\overline{)45}$

❼ $5\overline{)8}$

❽ $5\overline{)12}$

2 計算をしましょう。（わりきれるまで）　〔1問　5点〕

① 4〕14

⑤ 4〕9

⑨ 5〕0.4

② 4〕14.6

⑥ 4〕0.9

⑩ 8〕14

③ 4〕7.00

⑦ 5〕9

⑪ 8〕6

④ 4〕0.7　　　0.□□□

⑧ 5〕4　　　0.□

⑫ 8〕0.6

まちがえた問題は，見直しをして，もう一度やってみよう。

□　点

34

©くもん出版

18 小数のわり算（3）

むずかしさ ★★☆

月　日　名前

はじめ　時　分　おわり　時　分

1 計算をしましょう。（わりきれるまで）　〔1問　6点〕

れい

```
       1.335
4)5.34  →  4)5.340
            4
            13
            12
             14
             12
              20
              20
               0
```

① 5)8.6

② 5)8.63

③ 4)6.24

④ 6)1.5

⑤ 6)1.59

⑥ 4)2.98

2 計算をしましょう。（わりきれるまで）

①

$$4 \overline{)5.4}$$

⑤

$$4 \overline{)0.2\,2}$$

②

$$4 \overline{)0.5\,4}$$

⑥

$$5 \overline{)0.4\,6}$$

③

$$5 \overline{)0.7\,2}$$

⑦

$$8 \overline{)0.2\,8}$$

④

$$6 \overline{)0.8\,1}$$

⑧

$$6 \overline{)0.2\,7}$$

まちがえた問題は，見直しをして，もう一度やってみよう。

点

月 日	名前	はじめ 時 分	おわり 時 分

1 計算をしましょう。（わりきれるまで）　〔1問 7点〕

・ れ い ・

$$15\,\overline{)6} \longrightarrow 15\,\overline{)6.0}$$

```
     0.4
15 ) 6.0
     6 0
       0
```

① $15\,\overline{)9}$

② $12\,\overline{)6}$

③ $14\,\overline{)7}$

④ $16\,\overline{)8}$

⑤ $20\,\overline{)8}$

⑥ $15\,\overline{)12}$

⑦ $25\,\overline{)10}$

⑧ $26\,\overline{)13}$

⑨ $35\,\overline{)21}$

⑩ $38\,\overline{)19}$

2 計算をしましょう。（わりきれるまで） 〔1問 5点〕

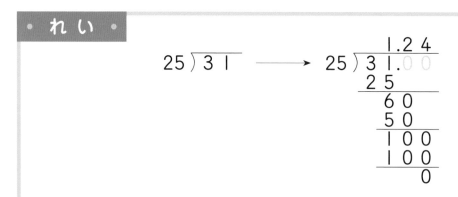

① 16) 20

④ 25) 58

② 16) 28

⑤ 25) 52

③ 16) 12

⑥ 25) 12

まちがえた問題は，見直しをして，もう一度やってみよう。

点

1 計算をしましょう。（わりきれるまで）　　　〔1問　6点〕

• **れ　い** •

$$22 \overline{)16.5} \longrightarrow 22 \overline{)16.50}$$

```
      0.7 5
22 )1 6.5 0
   1 5 4
     1 1 0
     1 1 0
         0
```

① $15\overline{)12.9}$

④ $18\overline{)13.5}$

② $15\overline{)21.3}$

⑤ $18\overline{)18.9}$

③ $15\overline{)16.2}$

⑥ $18\overline{)44.1}$

2 計算をしましょう。（わりきれるまで）

① 15) 33.6

② 16) 13.6

③ 14) 77.7

④ 35) 36.4

⑤ 24) 34.8

⑥ 32) 75.2

⑦ 18) 1.44

⑧ 82) 5.002

まちがえた問題は、見直しをして、もう一度やってみよう。

点

月　　日　名前

はじめ　時　分　おわり　時　分

1 計算をしましょう。　〔1問　4点〕

① 2＋1.2＋2.4＝

② 2.8＋1.6＋3.2＝

③ 3.4＋2.3－1.8＝

④ 4.6－2.2＋2.7＝

⑤ 5.8－2.4－1.5＝

⑥ 9－3.7－2.6＝

⑦ 7＋0.46＋3.26＝

⑧ 4.76＋3.24－2.55＝

⑨ 9.05－7.69＋3.64＝

⑩ 30－12.7－4.65＝

2 計算をしましょう。 〔1問 5点〕

① (2.5＋1.6)×3＝

② 0.42÷(2.3＋3.7)＝

③ (6.92－2.32)×5＝

④ 1.7×4＋0.6＝

⑤ 6.3－2.5×2＝

⑥ 2.74＋5.1÷3＝

⑦ 4.3＋2.7×5＝

⑧ 4.3×5＋2.7×5＝

⑨ (4.3＋2.7)×5＝

⑩ 9.3×4－2.3×4＝

⑪ (9.3－2.3)×4＝

⑫ 3.6×7＋3.6×3＝

全部できたかな。ひとつひとつをたしかめなが
ら計算すると、まちがいがなくなるよ。

42

点

22 しんだんテスト（1）

月　日　名前　　　　　　　　はじめ　時　分　おわり　時　分

1 次の計算をしましょう。 〔1問　3点〕

① 6.7＋3.4＝

② 4＋2.8＝

③ 15.8＋7.5＝

④ 6.28＋1.91＝

⑤ 3.02＋0.4＝

⑥ 25.8＋6.4＝

⑦ 4.2－2.4＝

⑧ 3－0.9＝

⑨ 17.3－4.7＝

⑩ 5.32－2.1＝

⑪ 9.2－5.6＝

⑫ 6.7－1.23＝

2 次の計算をしましょう。 〔1問　3点〕

① 0.3×5＝

② 0.6×8＝

③ 1.5×4＝

④ 2.6×8＝

3 次の計算をしましょう。（わりきれるまで） 〔1問　3点〕

① 7÷2＝

② 6÷4＝

③ 16÷5＝

④ 290÷4＝

4 次の計算をしましょう。 〔1問 4点〕

① 3.7
 × 8

④ 5.8
 × 3 6

② 1.9
 × 2 4

⑤ 3 0.5
 × 9

③ 4 3.6
 × 5

⑥ 0.3
 × 2 8

5 次の計算をしましょう。（わりきれるまで） 〔1問 4点〕

① 4) 3 4

③ 8) 1 8

② 5) 2 1.6

④ 35) 2 8.7

答え合わせをして点数をつけてから，104ページ
の アドバイス を読もう。

点

| 月　　日 | 名前 | | はじめ | 時　分 | おわり | 時　分 |

1 計算をしましょう。（商とあまりは整数で）　〔1問　2点〕

① 32÷2=

② 42÷3=

③ 52÷4=

④ 80÷5=

⑤ 78÷6=

⑥ 98÷7=

⑦ 96÷8=

⑧ 99÷9=

⑨ 43÷2=

⑩ 79÷3=

⑪ 67÷4=

⑫ 72÷5=

⑬ 88÷6=

⑭ 82÷7=

⑮ 60÷8=

⑯ 80÷9=

⑰ 2⟌65

⑱ 4⟌67

⑲ 6⟌80

⑳ 8⟌78

2 計算をしましょう。（商とあまりは整数で）　〔1問　3点〕

① $2\overline{)284}$

② $3\overline{)381}$

③ $4\overline{)472}$

④ $5\overline{)615}$

⑤ $6\overline{)642}$

⑥ $7\overline{)847}$

⑦ $8\overline{)848}$

⑧ $9\overline{)756}$

⑨ $3\overline{)400}$

⑩ $4\overline{)426}$

⑪ $5\overline{)473}$

⑫ $6\overline{)568}$

⑬ $7\overline{)797}$

⑭ $8\overline{)646}$

⑮ $9\overline{)790}$

⑯ $3\overline{)4116}$

⑰ $4\overline{)8052}$

⑱ $6\overline{)6048}$

⑲ $7\overline{)2563}$

⑳ $8\overline{)5136}$

わり算のひっ算を思い出そう。

点

月　日　名前

はじめ　時　分　おわり　時　分

1 計算をしましょう。（商とあまりは整数で）　〔1問 5点〕

① 23)69

② 45)135

③ 67)469

④ 76)541

⑤ 98)890

⑥ 19)162

⑦ 24)180

⑧ 57)415

⑨ 79)504

⑩ 81)681

2 計算をしましょう。（商とあまりは整数で） 〔1問 5点〕

① 57⟌1995

② 91⟌6916

③ 32⟌1156

④ 66⟌3770

⑤ 84⟌5463

⑥ 36⟌1456

⑦ 54⟌3696

⑧ 70⟌5850

⑨ 37⟌7881

⑩ 84⟌8054

答えを書き終わったら，見直しをしよう。まちがいがなくなるよ。

点

25 チェックテスト(2)

月　日　名前

はじめ　時　分　おわり　時　分

1 次の計算をしましょう。(商とあまりは整数で)　　〔1問　2点〕

① 78÷4=

② 81÷3=

③ 76÷8=

④ 93÷6=

⑤ 97÷7=

⑥ 84÷6=

⑦ 3)92

⑧ 8)68

⑨ 2)78

⑩ 9)89

2 次の計算をしましょう。(商とあまりは整数で)　　〔1問　4点〕

① 4)830

② 8)752

③ 9)780

④ 5)638

⑤ 7)826

⑥ 8)6090

⑦ 9)2376

⑧ 7)8462

3 次の計算をしましょう。（商とあまりは整数で） 〔1問 4点〕

① $67\overline{)536}$

② $44\overline{)320}$

③ $82\overline{)716}$

④ $36\overline{)322}$

⑤ $53\overline{)477}$

⑥ $78\overline{)500}$

4 次の計算をしましょう。（商とあまりは整数で） 〔1問 6点〕

① $26\overline{)9040}$

② $91\overline{)7000}$

③ $48\overline{)5712}$

④ $74\overline{)6150}$

答え合わせをして点数をつけてから，105ページ
の アドバイス を読もう。

点

26 分数（1）

月　日	名前	はじめ　時　分　おわり　時　分

1 下の〈れい〉のように直しましょう。　〔1問　2点〕

> ・ れ い ・
>
> 0，1，2，3のような数を，整数といいます。
>
> $\frac{2}{5}$，$2\frac{1}{5}$ のような数を，分数といいます。
>
> $\frac{2}{5}$ は「5分の2」，$2\frac{1}{5}$ は「2と5分の1」と読みます。
>
> $\frac{8}{4}=2$　　　　$\frac{18}{6}=3$　　　　$\frac{9}{4}=2\frac{1}{4}$　　　　$\frac{17}{5}=3\frac{2}{5}$

① $\frac{12}{4}=\square$

② $\frac{15}{5}=$

③ $\frac{12}{6}=$

④ $\frac{8}{2}=$

⑤ $\frac{15}{3}=$

⑥ $\frac{18}{3}=$

⑦ $\frac{11}{4}=2\frac{\square}{4}$

⑧ $\frac{13}{4}=3\frac{\square}{4}$

⑨ $\frac{15}{4}=$

⑩ $\frac{19}{4}=$

⑪ $\frac{21}{4}=$

⑫ $\frac{23}{4}=$

⑬ $\frac{14}{5}=$

⑭ $\frac{16}{5}=$

⑮ $\frac{22}{5}=$

⑯ $\frac{26}{5}=$

⑰ $\frac{13}{6}=$

⑱ $\frac{16}{3}=$

2 下の〈れい〉のように直しましょう。

〔1問　4点〕

$$\frac{12}{4}=3 \qquad \frac{11}{4}=2\frac{3}{4} \qquad \frac{5}{5}=1$$

① $\dfrac{20}{5}=$

② $\dfrac{21}{5}=$

③ $\dfrac{22}{5}=$

④ $\dfrac{24}{5}=$

⑤ $\dfrac{25}{5}=$

⑥ $\dfrac{28}{5}=$

⑦ $\dfrac{6}{6}=$

⑧ $\dfrac{18}{6}=$

⑨ $\dfrac{23}{6}=$

⑩ $\dfrac{31}{6}=$

⑪ $\dfrac{18}{3}=$

⑫ $\dfrac{27}{4}=$

⑬ $\dfrac{11}{5}=$

⑭ $\dfrac{13}{5}=$

⑮ $\dfrac{40}{5}=$

⑯ $\dfrac{8}{8}=$

©くもん出版

52　分数 $\dfrac{2}{5}$ の，5を分母，2を分子というよ。

点

	月 日	名前		はじめ 時 分	おわり 時 分

1 仮分数を帯分数か整数に直しましょう。　　〔1問 4点〕

・ れ い ・

分数には次のようなものがあります。

● **真分数**（分子が分母より小さい）　　　$\dfrac{1}{2}$　　$\dfrac{3}{5}$　　$\dfrac{4}{5}$

● **仮分数**$\left(\begin{array}{l}\text{分子が分母と同じか,}\\\text{分子が分母より大きい}\end{array}\right)$　　$\dfrac{5}{5}$　　$\dfrac{6}{5}$　　$\dfrac{7}{5}$

● **帯分数**（整数＋真分数）　　　$1\dfrac{2}{5}$　　$2\dfrac{3}{7}$

仮分数　　帯分数
$$\dfrac{12}{5}=2\dfrac{2}{5}\qquad\qquad \dfrac{40}{4}=10$$

① $\dfrac{11}{4}=$　　　⑤ $\dfrac{50}{5}=$　　　⑨ $\dfrac{25}{11}=$

② $\dfrac{23}{5}=$　　　⑥ $\dfrac{51}{7}=$　　　⑩ $\dfrac{36}{11}=$

③ $\dfrac{35}{5}=$　　　⑦ $\dfrac{80}{8}=$　　　⑪ $\dfrac{19}{12}=$

④ $\dfrac{49}{5}=$　　　⑧ $\dfrac{49}{9}=$　　　⑫ $\dfrac{29}{12}=$

2 仮分数を帯分数か整数に直しましょう。 〔1問 4点〕

① $\dfrac{7}{2} =$

② $\dfrac{8}{3} =$

③ $\dfrac{9}{4} =$

④ $\dfrac{31}{6} =$

⑤ $\dfrac{58}{7} =$

⑥ $\dfrac{90}{9} =$

⑦ $\dfrac{23}{10} =$

⑧ $\dfrac{33}{11} =$

⑨ $\dfrac{29}{12} =$

⑩ $\dfrac{52}{13} =$

⑪ $\dfrac{45}{14} =$

⑫ $\dfrac{64}{15} =$

⑬ $\dfrac{49}{16} =$

まちがえた問題は，もう一度やり直してみよう。

点

月　日　名前

 はじめ　時　分　 おわり　時　分

1 仮分数を帯分数か整数に直しましょう。　　　　〔1問　2点〕

① $\dfrac{9}{2}=$

② $\dfrac{7}{3}=$

③ $\dfrac{11}{4}=$

④ $\dfrac{27}{5}=$

⑤ $\dfrac{42}{6}=$

⑥ $\dfrac{47}{7}=$

⑦ $\dfrac{43}{8}=$

⑧ $\dfrac{54}{9}=$

⑨ $\dfrac{47}{10}=$

⑩ $\dfrac{60}{11}=$

⑪ $\dfrac{49}{12}=$

⑫ $\dfrac{72}{13}=$

⑬ $\dfrac{75}{15}=$

⑭ $\dfrac{96}{17}=$

⑮ $\dfrac{77}{18}=$

⑯ $\dfrac{100}{19}=$

⑰ $\dfrac{40}{20}=$

⑱ $\dfrac{104}{21}=$

⑲ $\dfrac{25}{24}=$

⑳ $\dfrac{52}{25}=$

2 仮分数を帯分数か整数に直しましょう。　〔1問　3点〕

① $\dfrac{16}{3} =$

② $\dfrac{27}{4} =$

③ $\dfrac{39}{5} =$

④ $\dfrac{31}{6} =$

⑤ $\dfrac{53}{6} =$

⑥ $\dfrac{61}{7} =$

⑦ $\dfrac{70}{7} =$

⑧ $\dfrac{83}{8} =$

⑨ $\dfrac{99}{9} =$

⑩ $\dfrac{100}{9} =$

⑪ $\dfrac{59}{10} =$

⑫ $\dfrac{105}{21} =$

⑬ $\dfrac{54}{27} =$

⑭ $\dfrac{61}{28} =$

⑮ $\dfrac{91}{30} =$

⑯ $\dfrac{143}{30} =$

⑰ $\dfrac{99}{32} =$

⑱ $\dfrac{105}{35} =$

⑲ $\dfrac{179}{50} =$

⑳ $\dfrac{211}{60} =$

分数のしゅるいは，おぼえたかな。頭の中できちんと整理しておこう。

点

月　日　名前

　時　分　　時　分

1 帯分数を仮分数に直しましょう。

〔1問　2点〕

・れ い・

$$4\frac{1}{3} = \frac{13}{3} \qquad 5\frac{3}{7} = \frac{38}{7}$$

❶ $2\frac{2}{3} = \frac{\square}{3}$

❷ $3\frac{1}{3} =$

❸ $2\frac{1}{4} =$

❹ $4\frac{3}{4} =$

❺ $2\frac{2}{5} =$

❻ $3\frac{2}{5} =$

❼ $4\frac{1}{6} =$

❽ $5\frac{5}{6} =$

❾ $5\frac{2}{7} =$

❿ $6\frac{6}{7} =$

⓫ $2\frac{1}{2} =$

⓬ $1\frac{2}{3} =$

⓭ $2\frac{3}{4} =$

⓮ $4\frac{2}{5} =$

⓯ $5\frac{1}{6} =$

⓰ $5\frac{2}{7} =$

⓱ $6\frac{5}{8} =$

⓲ $7\frac{4}{9} =$

⓳ $8\frac{3}{10} =$

⓴ $3\frac{4}{11} =$

2 帯分数か整数に直しましょう。　〔1問　3点〕

- ① $\dfrac{8}{3} =$
- ② $\dfrac{15}{4} =$
- ③ $\dfrac{48}{7} =$
- ④ $\dfrac{54}{9} =$
- ⑤ $\dfrac{37}{10} =$
- ⑥ $\dfrac{35}{11} =$
- ⑦ $\dfrac{43}{12} =$
- ⑧ $\dfrac{47}{14} =$
- ⑨ $\dfrac{49}{15} =$
- ⑩ $\dfrac{67}{16} =$

3 仮分数に直しましょう。　〔1問　3点〕

- ① $2\dfrac{2}{3} =$
- ② $3\dfrac{3}{4} =$
- ③ $5\dfrac{5}{6} =$
- ④ $7\dfrac{3}{8} =$
- ⑤ $9\dfrac{7}{10} =$
- ⑥ $2\dfrac{7}{12} =$
- ⑦ $2\dfrac{3}{14} =$
- ⑧ $2\dfrac{7}{15} =$
- ⑨ $3\dfrac{13}{16} =$
- ⑩ $3\dfrac{1}{18} =$

分数のしゅるいは，おぼえたかな。頭の中できちんと整理しておこう。

点

むずかしさ ★★☆

月　　日　名前

はじめ　時　分　おわり　時　分

1 帯分数か整数に直しましょう。〔1問　2点〕

① $\dfrac{80}{5}=$

② $\dfrac{89}{7}=$

③ $\dfrac{92}{9}=$

④ $\dfrac{98}{11}=$

⑤ $\dfrac{102}{13}=$

⑥ $\dfrac{163}{15}=$

⑦ $\dfrac{140}{17}=$

⑧ $\dfrac{201}{19}=$

⑨ $\dfrac{260}{20}=$

⑩ $\dfrac{455}{22}=$

2 仮分数に直しましょう。〔1問　2点〕

① $4\dfrac{1}{4}=$

② $5\dfrac{5}{6}=$

③ $7\dfrac{3}{8}=$

④ $8\dfrac{7}{10}=$

⑤ $10\dfrac{5}{12}=$

⑥ $6\dfrac{3}{14}=$

⑦ $10\dfrac{9}{16}=$

⑧ $20\dfrac{4}{15}=$

⑨ $17\dfrac{13}{20}=$

⑩ $20\dfrac{17}{22}=$

3 帯分数か整数に直しましょう。　〔1問　3点〕

1 $\dfrac{21}{5} =$

2 $\dfrac{29}{6} =$

3 $\dfrac{33}{7} =$

4 $\dfrac{83}{8} =$

5 $\dfrac{189}{9} =$

6 $\dfrac{107}{10} =$

7 $\dfrac{121}{11} =$

8 $\dfrac{281}{13} =$

9 $\dfrac{283}{14} =$

10 $\dfrac{315}{15} =$

4 仮分数に直しましょう。　〔1問　3点〕

1 $4\dfrac{2}{3} =$

2 $5\dfrac{3}{4} =$

3 $6\dfrac{2}{5} =$

4 $7\dfrac{5}{6} =$

5 $8\dfrac{4}{7} =$

6 $11\dfrac{3}{7} =$

7 $15\dfrac{5}{12} =$

8 $20\dfrac{13}{14} =$

9 $20\dfrac{8}{15} =$

10 $21\dfrac{2}{15} =$

答えを書き終わったら，見直しをしよう。まちがいがなくなるよ。

点

月　日　名前

はじめ　時　分　おわり　時　分

1 たし算をしましょう。　〔1問　5点〕

・ れ い ・

$$\frac{2}{7} + \frac{3}{7} = \frac{5}{7}$$

① $\frac{1}{5} + \frac{2}{5} = \frac{\square}{5}$

② $\frac{1}{5} + \frac{3}{5} =$

③ $\frac{2}{5} + \frac{2}{5} =$

④ $\frac{1}{7} + \frac{2}{7} = \frac{\square}{7}$

⑤ $\frac{1}{7} + \frac{3}{7} =$

⑥ $\frac{2}{7} + \frac{4}{7} =$

⑦ $\frac{1}{9} + \frac{3}{9} =$

⑧ $\frac{5}{9} + \frac{2}{9} =$

⑨ $\frac{3}{11} + \frac{2}{11} =$

⑩ $\frac{6}{11} + \frac{4}{11} =$

©くもん出版

2 たし算をしましょう。

〔1問 5点〕

・れい・

$$\frac{4}{7} + \frac{3}{7} = \frac{7}{7} = 1$$

① $\frac{1}{5} + \frac{4}{5} = \frac{\square}{5} = \square$

② $\frac{2}{5} + \frac{3}{5} =$

③ $\frac{5}{7} + \frac{2}{7} =$

④ $\frac{2}{7} + \frac{4}{7} =$

⑤ $\frac{3}{7} + \frac{4}{7} =$

⑥ $\frac{4}{9} + \frac{5}{9} =$

⑦ $\frac{4}{9} + \frac{1}{9} =$

⑧ $\frac{3}{11} + \frac{8}{11} =$

⑨ $\frac{8}{11} + \frac{2}{11} =$

⑩ $\frac{6}{13} + \frac{3}{13} =$

まちがえた問題は，やり直して，どこでまちがえたのかをよくたしかめておこう。

点

32 分数のたし算（2）

月　　日　名前

1 たし算をしましょう。　　　　　　　　　　　　　〔1問　5点〕

• れ い •

$$4\frac{2}{7}+\frac{3}{7}=4\frac{5}{7}$$

① $2\frac{2}{5}+\frac{1}{5}=$

② $1\frac{3}{7}+\frac{2}{7}=$

③ $3\frac{4}{7}+\frac{2}{7}=$

④ $4\frac{2}{9}+\frac{3}{9}=$

⑤ $\frac{4}{9}+3\frac{4}{9}=$

⑥ $2\frac{3}{11}+\frac{2}{11}=$

⑦ $\frac{6}{11}+4\frac{4}{11}=$

⑧ $6\frac{4}{13}+\frac{7}{13}=$

⑨ $\frac{5}{15}+6\frac{2}{15}=$

⑩ $3\frac{2}{15}+\frac{11}{15}=$

2 たし算をしましょう。 〔1問 5点〕

$$\frac{4}{7} + \frac{5}{7} = \frac{9}{7} = 1\frac{2}{7}$$

① $\dfrac{2}{5} + \dfrac{4}{5} = \dfrac{\square}{5} = \square\dfrac{\square}{5}$

② $\dfrac{3}{5} + \dfrac{4}{5} =$

③ $\dfrac{6}{5} + \dfrac{2}{5} =$

④ $\dfrac{5}{7} + \dfrac{2}{7} =$

⑤ $\dfrac{5}{7} + \dfrac{3}{7} =$

⑥ $\dfrac{4}{7} + \dfrac{6}{7} =$

⑦ $\dfrac{5}{9} + \dfrac{4}{9} =$

⑧ $\dfrac{5}{9} + \dfrac{6}{9} =$

⑨ $\dfrac{9}{11} + \dfrac{7}{11} =$

⑩ $\dfrac{9}{13} + \dfrac{8}{13} =$

まちがえた問題は，やり直して，どこでまちが
えたのかをよくたしかめておこう。

点

月　日　名前

1　たし算をしましょう。

〔1問　5点〕

① $\dfrac{3}{7} + \dfrac{5}{7} =$

② $\dfrac{4}{7} + \dfrac{6}{7} =$

③ $\dfrac{6}{7} + \dfrac{3}{7} =$

④ $\dfrac{2}{9} + \dfrac{8}{9} =$

⑤ $\dfrac{3}{9} + \dfrac{8}{9} =$

⑥ $\dfrac{8}{9} + \dfrac{5}{9} =$

⑦ $\dfrac{7}{9} + \dfrac{2}{9} =$

⑧ $\dfrac{3}{11} + \dfrac{9}{11} =$

⑨ $\dfrac{4}{11} + \dfrac{9}{11} =$

⑩ $\dfrac{8}{11} + \dfrac{4}{11} =$

2 たし算をしましょう。

❶ $\dfrac{6}{7} + \dfrac{4}{7} =$

❻ $\dfrac{9}{15} + \dfrac{8}{15} =$

❷ $\dfrac{4}{9} + \dfrac{6}{9} =$

❼ $\dfrac{11}{17} + \dfrac{9}{17} =$

❸ $\dfrac{7}{11} + \dfrac{6}{11} =$

❽ $\dfrac{3}{19} + \dfrac{6}{19} =$

❹ $\dfrac{8}{11} + \dfrac{6}{11} =$

❾ $\dfrac{10}{21} + \dfrac{13}{21} =$

❺ $\dfrac{8}{13} + \dfrac{8}{13} =$

❿ $\dfrac{11}{23} + \dfrac{14}{23} =$

まちがえた問題は，やり直して，どこでまちが
えたのかをよくたしかめておこう。

点

むずかしさ
★ ★ ☆

月　　日　　名前

 時　分　 時　分

1 たし算をしましょう。　〔1問　5点〕

・れ　い・

$$2\frac{5}{7}+\frac{6}{7}=2\frac{11}{7}=3\frac{4}{7}$$

① $2\frac{2}{3}+\frac{2}{3}=2\frac{\square}{3}=3\frac{\square}{3}$

② $2\frac{4}{5}+\frac{2}{5}=2\frac{\square}{5}=$

③ $2\frac{3}{5}+\frac{4}{5}=$

④ $\frac{3}{7}+2\frac{6}{7}=$

⑤ $3\frac{6}{7}+\frac{5}{7}=3\frac{\square}{7}=\square\frac{\square}{7}$

⑥ $3\frac{5}{7}+\frac{3}{7}=3\frac{\square}{7}=$

⑦ $\frac{5}{9}+3\frac{5}{9}=$

⑧ $4\frac{8}{9}+\frac{2}{9}=4\frac{\square}{9}=$

⑨ $4\frac{5}{11}+\frac{9}{11}=$

⑩ $\frac{8}{11}+4\frac{7}{11}=$

2 たし算をしましょう。

〔1問　5点〕

① $1\dfrac{4}{7}+\dfrac{5}{7}=$

⑥ $2\dfrac{12}{13}+\dfrac{8}{13}=$

② $\dfrac{6}{7}+3\dfrac{6}{7}=$

⑦ $4\dfrac{6}{13}+\dfrac{11}{13}=$

③ $5\dfrac{2}{9}+\dfrac{8}{9}=$

⑧ $3\dfrac{11}{15}+\dfrac{2}{15}=$

④ $\dfrac{7}{9}+5\dfrac{7}{9}=$

⑨ $\dfrac{8}{15}+5\dfrac{11}{15}=$

⑤ $6\dfrac{9}{11}+\dfrac{8}{11}=$

⑩ $7\dfrac{12}{17}+\dfrac{9}{17}=$

©くもん出版

まちがえた問題は，やり直して，どこでまちがえたのかをよくたしかめておこう。

68

点

| 月 | 日 | 名前 | | はじめ | 時 | 分 | おわり | 時 | 分 |

1 たし算をしましょう。　　　〔1問　5点〕

> ・れい・
>
> $$2\frac{2}{7} + 1\frac{3}{7} = 3\frac{5}{7}$$

① $2\frac{1}{5} + 1\frac{2}{5} =$

⑥ $\frac{2}{9} + 2\frac{3}{9} =$

② $3\frac{1}{5} + 1\frac{3}{5} =$

⑦ $1\frac{4}{9} + 3\frac{3}{9} =$

③ $1\frac{4}{7} + \frac{1}{7} =$

⑧ $2\frac{3}{9} + 4\frac{5}{9} =$

④ $1\frac{2}{7} + 2\frac{3}{7} =$

⑨ $\frac{3}{11} + 3\frac{6}{11} =$

⑤ $2\frac{4}{7} + 3\frac{2}{7} =$

⑩ $4\frac{7}{11} + \frac{2}{11} =$

2 たし算をしましょう。

〔1問 5点〕

・れい・

$$1\frac{6}{7}+2\frac{5}{7}=3\frac{11}{7}=4\frac{4}{7}$$

① $1\frac{2}{3}+2\frac{2}{3}=3\frac{\square}{3}=$

⑥ $2\frac{4}{5}+1\frac{3}{5}=$

② $1\frac{3}{5}+2\frac{3}{5}=$

⑦ $3\frac{4}{5}+2\frac{4}{5}=$

③ $2\frac{3}{7}+3\frac{6}{7}=$

⑧ $1\frac{5}{7}+3\frac{5}{7}=$

④ $3\frac{7}{9}+1\frac{7}{9}=$

⑨ $2\frac{3}{7}+3\frac{5}{7}=$

⑤ $4\frac{7}{11}+2\frac{6}{11}=$

⑩ $4\frac{4}{9}+1\frac{7}{9}=$

©くもん出版

$3\frac{11}{7}$ のような分数は、わすれずに $4\frac{4}{7}$ と直して答えよう。

点

1 たし算をしましょう。　　　　　〔1問　5点〕

> **れい**
>
> $$1\frac{3}{7}+2\frac{4}{7}=3\frac{7}{7}=4$$

❶ $2\frac{2}{3}+\frac{1}{3}=2\frac{\square}{3}=\square$

❻ $1\frac{4}{7}+2\frac{3}{7}=$

❷ $3\frac{3}{5}+\frac{2}{5}=3\frac{\square}{5}=$

❼ $3\frac{1}{7}+1\frac{6}{7}=$

❸ $3\frac{1}{5}+1\frac{4}{5}=$

❽ $\frac{1}{8}+2\frac{7}{8}=$

❹ $\frac{2}{7}+3\frac{5}{7}=$

❾ $1\frac{5}{8}+3\frac{3}{8}=$

❺ $2\frac{2}{7}+1\frac{5}{7}=$

❿ $2\frac{1}{8}+\frac{7}{8}=$

2 たし算をしましょう。

① $3\dfrac{8}{9}+1\dfrac{5}{9}=$

② $2\dfrac{6}{11}+2\dfrac{7}{11}=$

③ $2\dfrac{9}{11}+3\dfrac{4}{11}=$

④ $1\dfrac{6}{13}+4\dfrac{8}{13}=$

⑤ $\dfrac{9}{13}+2\dfrac{7}{13}=$

⑥ $\dfrac{8}{15}+3\dfrac{7}{15}=$

⑦ $4\dfrac{8}{15}+2\dfrac{11}{15}=$

⑧ $2\dfrac{5}{17}+2\dfrac{7}{17}=$

⑨ $\dfrac{6}{17}+6\dfrac{13}{17}=$

⑩ $3\dfrac{14}{19}+3\dfrac{7}{19}=$

まちがえた問題は，やり直して，どこでまちが
えたのかをよくたしかめておこう。

点

むずかしさ
★★☆

月　日　名前

はじめ　時　分　おわり　時　分

1 たし算をしましょう。　〔1問　5点〕

> **・れい・**
>
> $$2 + \frac{3}{7} = 2\frac{3}{7} \qquad 3 + 2\frac{1}{7} = 5\frac{1}{7}$$

① $1 + \dfrac{3}{5} =$

② $2 + \dfrac{4}{7} =$

③ $3 + \dfrac{5}{9} =$

④ $4 + 1\dfrac{2}{5} =$

⑤ $5 + 2\dfrac{3}{7} =$

⑥ $\dfrac{2}{3} + 3 =$

⑦ $\dfrac{2}{5} + 6 =$

⑧ $2\dfrac{1}{8} + 4 =$

⑨ $3\dfrac{7}{9} + 2 =$

⑩ $5\dfrac{1}{4} + 3 =$

2 たし算をしましょう。

〔1問 5点〕

① $2 + 1\frac{2}{3} =$

⑥ $\frac{4}{9} + 3\frac{5}{9} =$

② $2\frac{1}{3} + \frac{2}{3} =$

⑦ $2\frac{4}{5} + 3 =$

③ $1\frac{2}{3} + 1\frac{2}{3} =$

⑧ $1\frac{6}{7} + 2\frac{6}{7} =$

④ $2\frac{3}{5} + 2\frac{3}{5} =$

⑨ $1\frac{8}{9} + 3\frac{2}{9} =$

⑤ $\frac{4}{5} + 3\frac{1}{5} =$

⑩ $2\frac{7}{11} + 3\frac{4}{11} =$

©くもん出版

まちがえた問題は、やり直して、どこでまちが
えたのかをよくたしかめておこう。

点

分数のひき算（1）

月　　日　名前

はじめ　時　　分　おわり　時　　分

1 ひき算をしましょう。

〔1問　5点〕

・れい・

$$\frac{4}{5} - \frac{1}{5} = \frac{3}{5}$$

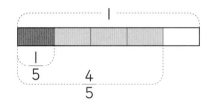

① $\frac{4}{5} - \frac{2}{5} =$

② $\frac{4}{5} - \frac{3}{5} =$

③ $\frac{6}{7} - \frac{3}{7} =$

④ $\frac{5}{7} - \frac{1}{7} =$

⑤ $\frac{5}{7} - \frac{2}{7} =$

⑥ $\frac{5}{7} - \frac{5}{7} =$

⑦ $\frac{7}{9} - \frac{2}{9} =$

⑧ $\frac{8}{9} - \frac{1}{9} =$

⑨ $\frac{8}{9} - \frac{4}{9} =$

⑩ $\frac{8}{9} - \frac{8}{9} =$

2 ひき算をしましょう。

〔1問 5点〕

❶ $\dfrac{3}{5} - \dfrac{1}{5} =$

❻ $\dfrac{4}{7} - \dfrac{2}{7} =$

❷ $\dfrac{2}{3} - \dfrac{1}{3} =$

❼ $\dfrac{7}{9} - \dfrac{5}{9} =$

❸ $\dfrac{8}{9} - \dfrac{4}{9} =$

❽ $\dfrac{4}{5} - \dfrac{2}{5} =$

❹ $\dfrac{6}{7} - \dfrac{2}{7} =$

❾ $\dfrac{8}{11} - \dfrac{2}{11} =$

❺ $\dfrac{7}{11} - \dfrac{4}{11} =$

❿ $\dfrac{5}{9} - \dfrac{5}{9} =$

まちがえた問題は、やり直して、どこでまちが
えたのかをよくたしかめておこう。

点

むずかしさ ★ ★ ☆

月 日 名前

はじめ 時 分 おわり 時 分

1 ひき算をしましょう。

〔1問 5点〕

・ れ い ・

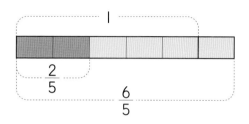

$$\frac{6}{5} - \frac{2}{5} = \frac{4}{5}$$

① $\dfrac{6}{5} - \dfrac{3}{5} =$

② $\dfrac{6}{5} - \dfrac{4}{5} =$

③ $\dfrac{7}{5} - \dfrac{4}{5} =$

④ $\dfrac{8}{7} - \dfrac{4}{7} =$

⑤ $\dfrac{8}{7} - \dfrac{5}{7} =$

⑥ $\dfrac{9}{7} - \dfrac{4}{7} =$

⑦ $\dfrac{9}{7} - \dfrac{8}{7} =$

⑧ $\dfrac{10}{9} - \dfrac{5}{9} =$

⑨ $\dfrac{11}{9} - \dfrac{4}{9} =$

⑩ $\dfrac{11}{9} - \dfrac{7}{9} =$

2 ひき算をしましょう。 〔1問 5点〕

① $\dfrac{4}{3} - \dfrac{2}{3} =$

⑥ $\dfrac{10}{7} - \dfrac{4}{7} =$

② $\dfrac{7}{5} - \dfrac{3}{5} =$

⑦ $\dfrac{11}{9} - \dfrac{7}{9} =$

③ $\dfrac{10}{9} - \dfrac{8}{9} =$

⑧ $\dfrac{8}{5} - \dfrac{4}{5} =$

④ $\dfrac{9}{7} - \dfrac{3}{7} =$

⑨ $\dfrac{9}{5} - \dfrac{6}{5} =$

⑤ $\dfrac{12}{11} - \dfrac{5}{11} =$

⑩ $\dfrac{11}{9} - \dfrac{4}{9} =$

まちがえた問題は，やり直して，どこでまちが
えたのかをよくたしかめておこう。

□ 点

月　日　名前

はじめ　時　分　おわり　時　分

1 ひき算をしましょう。

〔1問　5点〕

・れい・

$$2\frac{3}{5} - \frac{1}{5} = 2\frac{2}{5} \qquad 3\frac{5}{7} - 2 = 1\frac{5}{7}$$

① $2\frac{4}{5} - \frac{1}{5} = 2\frac{\square}{5}$

② $3\frac{3}{5} - \frac{2}{5} =$

③ $2\frac{3}{5} - 2 = \frac{\square}{\square}$

④ $2\frac{3}{5} - \frac{3}{5} =$

⑤ $3\frac{5}{7} - \frac{2}{7} =$

⑥ $2\frac{6}{7} - 1 =$

⑦ $3\frac{4}{7} - \frac{4}{7} =$

⑧ $3\frac{7}{9} - \frac{5}{9} =$

⑨ $2\frac{8}{9} - \frac{3}{9} =$

⑩ $3\frac{5}{11} - 3 =$

2 ひき算をしましょう。

・れい・

$$2\frac{4}{5} - 1\frac{1}{5} = 1\frac{3}{5}$$

① $2\frac{3}{5} - 1\frac{1}{5} = 1\frac{\square}{5}$

② $2\frac{4}{5} - 1\frac{3}{5} =$

③ $2\frac{3}{5} - 2\frac{1}{5} =$

④ $3\frac{4}{7} - 1\frac{3}{7} =$

⑤ $3\frac{5}{7} - 1\frac{3}{7} =$

⑥ $2\frac{5}{7} - 1\frac{5}{7} =$

⑦ $3\frac{5}{9} - 1\frac{1}{9} =$

⑧ $4\frac{8}{9} - 2\frac{3}{9} =$

⑨ $5\frac{4}{9} - 4\frac{3}{9} =$

⑩ $4\frac{8}{11} - 1\frac{5}{11} =$

©くもん出版

まちがえた問題は，やり直して，どこでまちが
えたのかをよくたしかめておこう。

点

月　日　名前

はじめ　時　分　おわり　時　分

1 ひき算をしましょう。

〔1問　5点〕

① $\dfrac{3}{5} - \dfrac{1}{5} =$

② $\dfrac{6}{7} - \dfrac{2}{7} =$

③ $\dfrac{8}{9} - \dfrac{4}{9} =$

④ $2\dfrac{5}{7} - 1\dfrac{5}{7} =$

⑤ $2\dfrac{7}{9} - 2\dfrac{2}{9} =$

⑥ $3\dfrac{3}{8} - 2 =$

⑦ $\dfrac{6}{5} - \dfrac{4}{5} =$

⑧ $\dfrac{8}{7} - \dfrac{6}{7} =$

⑨ $\dfrac{10}{9} - \dfrac{2}{9} =$

⑩ $\dfrac{13}{11} - \dfrac{7}{11} =$

2 ひき算をしましょう。 〔1問 5点〕

① $\dfrac{7}{9}-\dfrac{5}{9}=$

② $2\dfrac{5}{7}-\dfrac{4}{7}=$

③ $4\dfrac{7}{8}-3=$

④ $4\dfrac{8}{9}-2\dfrac{1}{9}=$

⑤ $3\dfrac{2}{9}-\dfrac{2}{9}=$

⑥ $3\dfrac{2}{9}-3=$

⑦ $4\dfrac{7}{9}-2\dfrac{2}{9}=$

⑧ $3\dfrac{8}{11}-1\dfrac{2}{11}=$

⑨ $5\dfrac{3}{11}-5=$

⑩ $4\dfrac{7}{10}-4\dfrac{7}{10}=$

まちがえた問題は，やり直して，どこでまちがえたのかをよくたしかめておこう。

□ 点

42 分数のひき算（5）

むずかしさ

月　日　名前　　はじめ　時　分　おわり　時　分

1 〈れい〉のように直しましょう。　〔1問　5点〕

れ　い

$$1\frac{3}{7}=\frac{10}{7} \qquad 3\frac{3}{5}=2\frac{8}{5}$$

① $1\frac{2}{7}=\frac{\square}{7}$

② $1\frac{4}{7}=\frac{\square}{7}$

③ $1\frac{1}{7}=\frac{\square}{7}$

④ $2\frac{4}{7}=1\frac{\square}{7}$

⑤ $2\frac{6}{7}=1\frac{\square}{7}$

⑥ $3\frac{2}{5}=2\frac{\square}{5}$

⑦ $3\frac{4}{5}=2\frac{\square}{5}$

⑧ $4\frac{3}{5}=3\frac{\square}{5}$

⑨ $4\frac{4}{5}=3\frac{\square}{5}$

⑩ $5\frac{1}{6}=4\frac{\square}{6}$

©くもん出版

2 ひき算をしましょう。

〔1問　5点〕

・ れ い ・

$$1\frac{2}{7} - \frac{3}{7} = \frac{9}{7} - \frac{3}{7}$$
$$= \frac{6}{7}$$

① $1\frac{2}{7} - \frac{5}{7} = \frac{\square}{7} - \frac{5}{7}$

　　　$=$

② $1\frac{3}{7} - \frac{5}{7} =$

③ $1\frac{4}{7} - \frac{5}{7} =$

④ $2\frac{1}{7} - \frac{6}{7} = 1\frac{\square}{7} - \frac{6}{7}$

　　　$= \square\frac{\square}{7}$

⑤ $2\frac{2}{7} - \frac{6}{7} =$

⑥ $2\frac{3}{7} - \frac{6}{7} =$

⑦ $3\frac{2}{7} - \frac{5}{7} = 2\frac{\square}{7} - \frac{5}{7}$

　　　$=$

⑧ $3\frac{3}{7} - \frac{5}{7} =$

⑨ $3\frac{4}{7} - \frac{5}{7} =$

⑩ $3\frac{3}{7} - \frac{6}{7} =$

©くもん出版

まちがえた問題は，やり直して，どこでまちが
えたのかをよくたしかめておこう。

　点

月　日　名前

1 ひき算をしましょう。

〔1問　5点〕

① $4\dfrac{1}{5} - \dfrac{3}{5} =$

② $4\dfrac{2}{5} - \dfrac{3}{5} =$

③ $4\dfrac{1}{5} - \dfrac{2}{5} =$

④ $5\dfrac{1}{5} - \dfrac{4}{5} =$

⑤ $5\dfrac{2}{5} - \dfrac{4}{5} =$

⑥ $5\dfrac{3}{5} - \dfrac{4}{5} =$

⑦ $6\dfrac{1}{7} - \dfrac{5}{7} =$

⑧ $6\dfrac{4}{7} - \dfrac{5}{7} =$

⑨ $6\dfrac{2}{7} - \dfrac{4}{7} =$

⑩ $6\dfrac{3}{7} - \dfrac{4}{7} =$

2 ひき算をしましょう。

① $1\dfrac{4}{5} - \dfrac{3}{5} =$

② $1\dfrac{4}{5} - \dfrac{1}{5} =$

③ $1\dfrac{4}{7} - \dfrac{3}{7} =$

④ $1\dfrac{1}{7} - \dfrac{3}{7} =$

⑤ $2\dfrac{4}{5} - \dfrac{1}{5} =$

⑥ $2\dfrac{1}{5} - \dfrac{4}{5} =$

⑦ $3\dfrac{3}{7} - \dfrac{1}{7} =$

⑧ $4\dfrac{1}{7} - \dfrac{5}{7} =$

⑨ $4\dfrac{2}{7} - \dfrac{3}{7} =$

⑩ $5\dfrac{6}{7} - \dfrac{5}{7} =$

©くもん出版

まちがえた問題は，やり直して，どこでまちが
えたのかをよくたしかめておこう。

点

44 分数のひき算(7)

| 月 日 | 名前 | | はじめ 時 分 | おわり 時 分 |

1 ひき算をしましょう。

〔1問 5点〕

れい

$$1 - \frac{3}{5} = \frac{2}{5}$$

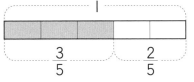

$$2 - \frac{3}{5} = 1\frac{2}{5}$$

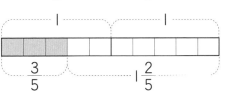

❶ $1 - \frac{2}{5} = \frac{\square}{5} - \frac{2}{5}$

$= $

❷ $1 - \frac{1}{5} =$

❸ $1 - \frac{4}{5} =$

❹ $2 - \frac{2}{7} = 1\frac{\square}{7} - \frac{2}{7}$

$= $

❺ $2 - \frac{3}{7} =$

❻ $3 - \frac{5}{7} =$

❼ $3 - \frac{2}{9} =$

❽ $4 - \frac{2}{9} =$

❾ $4 - \frac{4}{9} =$

❿ $5 - \frac{8}{9} =$

2 ひき算をしましょう。 〔1問 5点〕

ⓒくもん出版

・ **れい** ・

$$3 - 1\frac{1}{4} = 1\frac{3}{4}$$

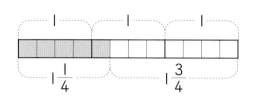

① $3 - 1\frac{2}{5} = 2\frac{\Box}{5} - 1\frac{2}{5}$

$$=$$

⑥ $3 - 1\frac{3}{7} =$

② $4 - 1\frac{2}{5} =$

⑦ $4 - 1\frac{5}{7} =$

③ $5 - 1\frac{4}{5} =$

⑧ $4 - 2\frac{6}{7} =$

④ $6 - 1\frac{1}{5} =$

⑨ $4 - 2\frac{5}{9} =$

⑤ $5 - 2\frac{3}{5} =$

⑩ $6 - 3\frac{2}{9} =$

まちがえた問題は，やり直して，どこでまちが
えたのかをよくたしかめておこう。

点

分数のひき算（8）

むずかしさ
★ ★ ☆

月　日　名前

 時　分　 時　分

1 ひき算をしましょう。　　　　　〔1問　5点〕

① $3\dfrac{2}{7} - 1\dfrac{5}{7} = 2\dfrac{\square}{7} - 1\dfrac{5}{7}$

$= $

⑥ $5\dfrac{2}{7} - 2\dfrac{6}{7} =$

② $4\dfrac{1}{5} - 1\dfrac{2}{5} =$

⑦ $6\dfrac{1}{5} - 1\dfrac{3}{5} =$

③ $3\dfrac{1}{7} - 1\dfrac{3}{7} =$

⑧ $5\dfrac{3}{8} - 3\dfrac{6}{8} =$

④ $4\dfrac{3}{7} - 1\dfrac{4}{7} =$

⑨ $3\dfrac{2}{7} - 1\dfrac{3}{7} =$

⑤ $4\dfrac{2}{7} - 2\dfrac{4}{7} =$

⑩ $6\dfrac{2}{9} - 3\dfrac{4}{9} =$

2 ひき算をしましょう。

① $3\dfrac{8}{9} - 1\dfrac{1}{9} =$

⑥ $3\dfrac{2}{7} - 1\dfrac{5}{7} =$

② $3\dfrac{5}{7} - 1\dfrac{2}{7} =$

⑦ $4\dfrac{3}{7} - 1\dfrac{6}{7} =$

③ $4\dfrac{4}{5} - 3\dfrac{2}{5} =$

⑧ $3 - 1\dfrac{3}{5} =$

④ $3\dfrac{2}{3} - \dfrac{1}{3} =$

⑨ $4 - 2\dfrac{5}{9} =$

⑤ $4\dfrac{8}{9} - 4 =$

⑩ $5\dfrac{1}{7} - 2\dfrac{5}{7} =$

まちがえた問題は，やり直して，どこでまちがえたのかをよくたしかめておこう。

点

| 月 | 日 | 名前 | はじめ 時 分 | おわり 時 分 |

1 計算をしましょう。 〔1問 5点〕

① $\dfrac{2}{7} + \dfrac{1}{7} + \dfrac{3}{7} =$

⑤ $\dfrac{2}{7} + \dfrac{6}{7} - \dfrac{3}{7} =$

② $\dfrac{3}{7} + \dfrac{2}{7} + \dfrac{5}{7} =$

⑥ $1\dfrac{2}{5} + \dfrac{3}{5} - \dfrac{4}{5} =$

③ $1\dfrac{2}{9} + \dfrac{4}{9} + 2\dfrac{1}{9} =$

⑦ $\dfrac{4}{5} - \dfrac{2}{5} + \dfrac{1}{5} =$

④ $\dfrac{2}{9} + \dfrac{5}{9} + \dfrac{4}{9} =$

⑧ $5 + \dfrac{2}{7} - 2\dfrac{1}{7} =$

2 計算をしましょう。 〔1問 6点〕

① $\dfrac{6}{7}-\dfrac{3}{7}-\dfrac{1}{7}=$

⑥ $\dfrac{7}{11}-\dfrac{4}{11}+\dfrac{8}{11}=$

② $\dfrac{10}{9}-\dfrac{4}{9}-\dfrac{2}{9}=$

⑦ $\dfrac{3}{7}+\dfrac{5}{7}-\dfrac{4}{7}=$

③ $3\dfrac{4}{9}-\dfrac{1}{9}-1\dfrac{2}{9}=$

⑧ $\dfrac{3}{7}+\left(\dfrac{5}{7}-\dfrac{4}{7}\right)=\dfrac{3}{7}+\dfrac{\square}{7}$

$=$

④ $\dfrac{4}{5}+\dfrac{3}{5}-\dfrac{2}{5}=$

⑨ $2\dfrac{6}{7}-\left(\dfrac{2}{7}+1\dfrac{3}{7}\right)=$

⑤ $\dfrac{8}{9}-\dfrac{5}{9}+\dfrac{7}{9}=$

⑩ $4-2\dfrac{6}{7}+1\dfrac{3}{7}=$

©くもん出版

まちがえた問題は, やり直して, どこでまちが
えたのかをよくたしかめておこう。

点

47 分数の約分（1）

月　日　名前

はじめ　時　分　おわり　時　分

おぼえておこう

$$\frac{2}{8} = \frac{1}{4} \qquad \frac{10}{12} = \frac{5}{6}$$ （分母と分子を2でわる）

分母と分子を同じ数でわってかんたんな分数にすることを**約分**するといいます。

---

1 分母と分子を2でわって約分しましょう。 〔1問 4点〕

① $\frac{2}{6} = \frac{\square}{3}$

② $\frac{6}{8} = \frac{3}{\square}$

③ $\frac{6}{10} =$

④ $\frac{8}{10} =$

⑤ $\frac{10}{12} =$

⑥ $\frac{4}{14} =$

⑦ $\frac{8}{14} =$

⑧ $\frac{10}{16} =$

⑨ $\frac{14}{18} =$

⑩ $\frac{18}{20} =$

⑪ $\frac{18}{22} =$

⑫ $\frac{10}{24} =$

 分数の約分にちょうせんしよう。

2 分母と分子を 3 でわって約分しましょう。　　　〔1問　4点〕

・ れ い ・

$$\frac{6}{9} = \frac{2}{3} \qquad \frac{15}{18} = \frac{5}{6}$$

① $\dfrac{3}{6} =$

② $\dfrac{3}{9} =$

③ $\dfrac{9}{12} =$

④ $\dfrac{6}{15} =$

⑤ $\dfrac{9}{15} =$

⑥ $\dfrac{3}{18} =$

⑦ $\dfrac{15}{18} =$

⑧ $\dfrac{12}{21} =$

⑨ $\dfrac{18}{21} =$

⑩ $\dfrac{21}{24} =$

⑪ $\dfrac{15}{27} =$

⑫ $\dfrac{27}{30} =$

⑬ $\dfrac{30}{33} =$

©くもん出版

まちがいが多いようなら　おぼえておこう　をよく見
て，約分のしかたをたしかめておこう。

94

点

分数の約分（2）

月　　日　名前

はじめ　　時　　分　おわり　　時　　分

1 次の分数を 2 または 3 で約分しましょう。 〔1問 3点〕

① $\dfrac{2}{4} =$

② $\dfrac{4}{6} =$

③ $\dfrac{6}{10} =$

④ $\dfrac{10}{12} =$

⑤ $\dfrac{8}{14} =$

⑥ $\dfrac{3}{12} =$

⑦ $\dfrac{12}{15} =$

⑧ $\dfrac{15}{18} =$

⑨ $\dfrac{9}{21} =$

⑩ $\dfrac{16}{22} =$

⑪ $\dfrac{15}{24} =$

⑫ $\dfrac{12}{26} =$

⑬ $\dfrac{24}{27} =$

⑭ $\dfrac{18}{28} =$

⑮ $\dfrac{14}{30} =$

⑯ $\dfrac{6}{33} =$

⑰ $\dfrac{21}{36} =$

⑱ $\dfrac{18}{39} =$

分数の約分にちょうせんしよう。

2 約分しましょう。（2または5で約分できます。） 〔1問 2点〕

① $\dfrac{10}{14}=$

② $\dfrac{10}{15}=$

③ $\dfrac{5}{20}=$

④ $\dfrac{14}{20}=$

⑤ $\dfrac{15}{25}=$

⑥ $\dfrac{16}{30}=$

⑦ $\dfrac{25}{35}=$

⑧ $\dfrac{20}{45}=$

3 約分しましょう。（3または5で約分できます。） 〔1問 3点〕

① $\dfrac{3}{6}=$

② $\dfrac{6}{9}=$

③ $\dfrac{5}{10}=$

④ $\dfrac{5}{15}=$

⑤ $\dfrac{15}{20}=$

⑥ $\dfrac{6}{21}=$

⑦ $\dfrac{9}{24}=$

⑧ $\dfrac{10}{25}=$

⑨ $\dfrac{25}{30}=$

⑩ $\dfrac{35}{40}=$

©くもん出版

次はしんだんテストだよ。今までにまちがえた
問題は，もう一度ふく習しておこう。

点

月　　日　　名前　　　　　　　　　　　 時　分　　時　分

1 次の仮分数を帯分数か整数に直しましょう。　〔1問　2点〕

❶ $\dfrac{84}{6} =$

❻ $\dfrac{99}{8} =$

❷ $\dfrac{270}{13} =$

❼ $\dfrac{82}{7} =$

❸ $\dfrac{17}{3} =$

❽ $\dfrac{703}{16} =$

❹ $\dfrac{140}{9} =$

❾ $\dfrac{143}{11} =$

❺ $\dfrac{406}{15} =$

❿ $\dfrac{53}{4} =$

2 次の帯分数を仮分数に直しましょう。　〔1問　2点〕

❶ $5\dfrac{3}{19} =$

❹ $6\dfrac{5}{13} =$

❷ $7\dfrac{3}{7} =$

❺ $3\dfrac{4}{11} =$

❸ $4\dfrac{11}{17} =$

❻ $6\dfrac{5}{21} =$

3 次の計算をしましょう。　　　　　　　　　〔1問　4点〕

① $\dfrac{6}{7}+5\dfrac{5}{7}=$

⑤ $6+3\dfrac{5}{8}=$

② $\dfrac{8}{9}+\dfrac{5}{9}=$

⑥ $\dfrac{5}{7}+\dfrac{6}{7}=$

③ $4\dfrac{3}{5}+\dfrac{4}{5}=$

⑦ $4\dfrac{7}{9}+5\dfrac{7}{9}=$

④ $3\dfrac{8}{11}+4\dfrac{3}{11}=$

⑧ $4\dfrac{1}{7}+3\dfrac{4}{7}=$

4 次の計算をしましょう。　　　　　　　　　〔1問　4点〕

① $5\dfrac{6}{7}-3\dfrac{2}{7}=$

⑤ $7-\dfrac{3}{4}=$

② $8-3\dfrac{3}{8}=$

⑥ $4\dfrac{1}{9}-\dfrac{5}{9}=$

③ $5\dfrac{2}{7}-3\dfrac{6}{7}=$

⑦ $8\dfrac{1}{5}-2\dfrac{4}{5}=$

④ $\dfrac{8}{9}-\dfrac{4}{9}=$

⑧ $6\dfrac{5}{8}-\dfrac{5}{8}=$

5 次の計算をしましょう。　　　　　　　　　〔4点〕

① $7-3\dfrac{5}{7}+1\dfrac{2}{7}=$

©くもん出版

答え合わせをして点数をつけてから，112ページ
の アドバイス を読もう。

点

1 かけ算のふく習　P.1・2

1
①188　　⑦2972
②249　　⑧4280
③288　　⑨1890
④305　　⑩3199
⑤246　　⑪4168
⑥390　　⑫6354

2
①1664　　⑥26120　　⑪54978
②3834　　⑦4182　　⑫3752000
③5520　　⑧20700　　⑬4608000
④8265　　⑨57753
⑤2698　　⑩18408

2 わり算のふく習（1）　P.3・4

1
①8　　④8あまり3
②26　　⑤11あまり4
③23　　⑥11あまり5

2
①12…5　　⑤87　　⑨131…3
②11…7　　⑥127…2　　⑩96…8
③98　　⑦141
④76…2　　⑧207…3

3
①13　　⑤58…5　　⑨9…36
②25　　⑥6…16　　⑩8…65
③8　　⑦15…15　　⑪7…77
④7…2　　⑧23　　⑫9…10

3 チェックテスト（1）　P.5・6

1
①564　　③608　　⑤2100　　⑦2332
②144　　④135　　⑥4466　　⑧6444

2
①4272　　②3220　　③2622　　④63554

3
①28059　　③29920　　⑤3648000
②16464　　④57816

4
①23あまり2　　⑤97…6
②8あまり8　　⑥237…2
③29　　⑦107…4
④13あまり5　　⑧134

5
①8…68　　③9
②37…12　　④7…9

4 小数のたし算（1）　P.7・8

1
①0.6　　⑥5.6
②0.7　　⑦6.7
③0.8　　⑧7.8
④0.9　　⑨8.9
⑤1　　⑩9

2
①1.1　　⑥7.1
②1.2　　⑦8
③1.3　　⑧11.9
④1.4　　⑨16.2
⑤1.5　　⑩2

3
①4.63　　⑥20
②3.62　　⑦23.6
③72.4　　⑧23.4
④16.1　　⑨16.07
⑤23.1　　⑩19.34

アドバイス
0.2は「0てん2」と読みます。答えが1.0や2.0のようになるときは，小数点と0は書かずに，1や2とします。

5 小数のたし算（2）　P.9・10

1
❶9.3　❻10.08
❷22　❼4.7
❸2.1　❽13.15
❹5.85　❾3.877
❺7.06　❿7.398

2
❶28.16　❻17.864
❷15.94　❼7.641
❸18.29　❽15.797
❹0.2　❾27.11
❺2.05　❿40.129

> **アドバイス**　答えが，0.20や0.200になるときは，右の0は書かずに0.2とします。

6 小数のひき算（1）　P.11・12

1
❶0.7　❻1.8
❷0.4　❼2.2
❸2.2　❽3.7
❹3.2　❾3.5
❺0.9　❿6.4

2
❶1.2　❻0.78
❷3.24　❼2.46
❸16.7　❽2.92
❹4.44　❾11.3
❺5.96　❿9.8

> **アドバイス**　1❶ □＋0.1＝0.8のように，答えにひく数をたして，ひかれる数になるか，けん算してみよう。

7 小数のひき算（2）　P.13・14

1
❶4.7　❻0.03
❷9.7　❼0.93
❸19.7　❽9.93
❹1.18　❾99.8
❺1.93　❿99.7

2
❶0.08　❻0.44
❷2.16　❼1.34
❸12.92　❽3.336
❹11.74　❾1.017
❺13.23　❿2.58

8 小数のかけ算（1）　P.15・16

1
❶0.6　⓫2.4
❷0.8　⓬4.2
❸0.8　⓭1.4
❹1.2　⓮2.8
❺1.6　⓯3.6
❻2.4　⓰4.5
❼3.2　⓱2
❽4　⓲3.5
❾1.2　⓳4
❿1.8　⓴7.2

2
❶4.8　⓫9.6
❷6.2　⓬12
❸12.4　⓭7.2
❹2.8　⓮12
❺4.2　⓯3.2
❻8.4　⓰6.4
❼4.6　⓱7.2
❽6.9　⓲14.4
❾13.8　⓳7.5
❿6　⓴10

9 小数のかけ算（2）　P.17・18

1

❶ 1.3 × 4 ＝ 5.2　❻ 1.8 × 5 ＝ 9.0　⓫ 0.7 × 8 ＝ 5.6

❷ 1.3 × 6 ＝ 7.8　❼ 2.4 × 6 ＝ 14.4　⓬ 4.3 × 5 ＝ 21.5

❸ 1.3 × 8 ＝ 10.4　❽ 3.6 × 4 ＝ 14.4　⓭ 2.8 × 9 ＝ 25.2

❹ 1.6 × 3 ＝ 4.8　❾ 4.2 × 7 ＝ 29.4

❺ 1.6 × 5 ＝ 8.0　❿ 2.9 × 6 ＝ 17.4

2
❶7.2　❼34.8　⓭245.6
❷16.2　❽39.2　⓮255
❸21.6　❾37.2　⓯145.6
❹14　❿64　⓰246.6
❺6.3　⓫42.8
❻28.8　⓬98.4

> **アドバイス**　小数のかけ算は，正しくできましたか。計算のしかたは，整数どうしの計算のしかたと同じですね。最後に小数点をつけるときに，いちをまちがえないようにしましょう。

10 小数のかけ算（3）　P.19・20

1

❶ 1.28 × 3 ＝ 3.84　❻ 3.26 × 3 ＝ 9.78　⓫ 4.23 × 4 ＝ 16.92

❷ 1.28 × 4 ＝ 5.12　❼ 3.26 × 5 ＝ 16.30　⓬ 3.82 × 5 ＝ 19.10

❸ 1.28 × 5 ＝ 6.40　❽ 1.63 × 2 ＝ 3.26　⓭ 2.74 × 9 ＝ 24.66

❹ 2.14 × 2 ＝ 4.28　❾ 1.24 × 7 ＝ 8.68

❺ 2.14 × 6 ＝ 12.84　❿ 2.76 × 3 ＝ 8.28

2

❶3.72	❼21.42	⓭16.24
❷6.4	❽4.32	⓮ 0.47 × 6 = 2.82

❸
```
   0.7 5
 ×    3
   2.2 5
```
❾9.84
⓯
```
   0.0 4 7
 ×       6
   0.2 8 2
```

❹
```
   2.0 7
 ×    4
   8.2 8
```
❿20.15
⓰0.944

❺3.84 ⓫5.52

❻1.95
⓬
```
   3.8 4
 ×    5
 1 9.2 0
```

> **アドバイス** 小数点（しょうすうてん）より右（みぎ）のけた数（すう）が多（おお）くなっても，かけ算（ざん）のしかたは同（おな）じです。小数点（しょうすうてん）のいちをまちがえないようにしましょう。

11 小数のかけ算(4)　P.21・22

1
❶
```
   1.6
 × 1 2
   3 2
 1 6
 1 9.2
```
❺
```
   2.3
 × 2 5
 1 1 5
 4 6
 5 7.5
```
❾115

❷
```
   1.6
 × 2 3
   4 8
 3 2
 3 6.8
```
❻54.4
❿145.6

❸
```
   2.3
 × 1 4
   9 2
 2 3
 3 2.2
```
❼102.6

❹
```
   2.3
 × 1 8
 1 8 4
 2 3
 4 1.4
```
❽71.4

2
❶20.8	❺43.5	❾102.6
❷30.6	❻57.6	❿162
❸31.2	❼81.7	⓫151.2
❹44.2	❽80	⓬289.8

> **アドバイス** 小数（しょうすう）のかけ算（ざん）には，なれてきましたか。小数点（しょうすうてん）のいちがまちがっていないか，もう一度見直（いちどみなお）しをしておきましょう。

12 小数のかけ算(5)　P.23・24

1
❶
```
   1.3 6
 ×   1 4
   5 4 4
 1 3 6
 1 9.0 4
```
❺
```
   1.5 6
 ×   2 9
 1 4 0 4
 3 1 2
 4 5.2 4
```
❾159.12

❷
```
   1.4 8
 ×   1 3
   4 4 4
 1 4 8
 1 9.2 4
```
❻57.04
❿140.84

❸
```
   2.1 3
 ×   1 8
 1 7 0 4
 2 1 3
 3 8.3 4
```
❼81.9

❹
```
   1.7 2
 ×   2 4
   6 8 8
 3 4 4
 4 1.2 8
```
❽82.62

2
❶19.88
❺
```
   2.4 5
 ×   2 6
 1 4 7 0
 4 9 0
 6 3.7 0
```
❾121.36

❷26.24
❻
```
   2.0 9
 ×   3 8
 1 6 7 2
 6 2 7
 7 9.4 2
```
❿134.85

❸42.12	❼92.82	⓫192.66
❹46.32	❽62.8	⓬247.48

13 小数のかけ算(6)　P.25・26

1
❶
```
   0.6
 × 1 4
   2 4
   6
   8.4
```
❺13.5
❾30.6

❷
```
   0.8
 × 1 7
   5 6
   8
 1 3.6
```
❻9.2
❿32.2

❸
```
   0.7
 × 1 4
   2 8
   7
   9.8
```
❼16.8

❹18.2
❽25.6

2
❶13.3	❺25.6	❾39.2
❷21.6	❻32.4	❿47.7
❸19.6	❼22.8	⓫43.2
❹22.5	❽29.4	⓬60.3

1

①
```
  0.3 6
×     1 4
  1 4 4
  3 6
  5.0 4
```
⑤ 6.45　　⑨ 12.48

②
```
  0.2 8
×     1 3
    8 4
    2 8
  3.6 4
```
⑥ 8.64　　⑩ 10.4

③
```
  0.3 2
×     1 6
  1 9 2
  3 2
  5.1 2
```
⑦ 12.88

④
```
  0.2 5
×     1 4
  1 0 0
  2 5
  3.5 0
```
⑧ 11.28

2

① 3.36　　⑤ 4.59　　⑨ 9.57
② 5.04　　⑥ 8.05　　⑩ 12.95
③ 4.42　　⑦ 11.55　⑪ 10.92
④ 8.5　　　⑧ 4.06　　⑫ 13.64

1

①
```
   1 2
× 0.4
  4.8
```
⑥
```
   2 5
× 0.3
  7.5
```
⑪
```
   3 6
× 0.4
 1 4.4
```

②
```
   1 2
× 0.7
  8.4
```
⑦
```
   2 5
× 0.4
 1 0.0
```
⑫
```
   3 7
× 0.4
 1 4.8
```

③
```
   1 2
× 0.8
  9.6
```
⑧
```
   2 5
× 0.9
 2 2.5
```
⑬
```
   4 3
× 0.5
 2 1.5
```

④
```
   1 8
× 0.6
 1 0.8
```
⑨
```
   2 9
× 0.4
 1 1.6
```

⑤
```
   1 8
× 0.7
 1 2.6
```
⑩
```
   2 9
× 0.7
 2 0.3
```

2

① 16.2　　⑦ 17.5　　⑬ 188.8
② 20.4　　⑧ 25.2　　⑭ 79.2
③ 49.6　　⑨ 18.4　　⑮ 239.4
④ 14.6　　⑩ 7.2　　　⑯ 242.5
⑤ 17.1　　⑪ 49.2
⑥ 27　　　⑫ 129.6

1

① 0.1　　⑦ 0.6
② 0.3　　⑧ 1.2
③ 0.2　　⑨ 2.4
④ 0.3　　⑩ 1.6
⑤ 0.5　　⑪ 1.8
⑥ 0.9　　⑫ 1.3

2

①
```
     1.2 3
  2)2.4 6
```
⑤
```
      5.6
  6)3 3.6
```

②
```
     1.2 1
  6)7.2 6
```
⑥
```
     0.9 2
  5)4.6
```

③
```
     1.8 1
  3)5.4 3
```
⑦
```
     0.5 6
  6)3.3 6
```

④
```
     1 1.4
  4)4 5.6
```
⑧
```
     0.0 9
  7)0.6 3
```

1

①
```
      1 2.5
  2)2 5.0
    2
    5
    4
    1 0
    1 0
      0
```
⑤
```
     6.8
  5)3 4
    3 0
    4 0
    4 0
      0
```

②
```
    1 0.5
  6)6 3
    6
    3 0
    3 0
      0
```
⑥
```
     7.5
  6)4 5
    4 2
    3 0
    3 0
      0
```

③
```
    1 0.5
  8)8 4
    8
    4 0
    4 0
      0
```
⑦
```
    1.6
  5)8
    5
    3 0
    3 0
      0
```

④
```
     4.5
  4)1 8
    1 6
    2 0
    2 0
      0
```
⑧
```
     2.4
  5)1 2
    1 0
    2 0
    2 0
      0
```

2

① 3.5　　　⑤ 2.25　　⑨ 0.08
② 3.65　　⑥ 0.225　⑩ 1.75
③ 1.75　　⑦ 1.8　　　⑪ 0.75
④ 0.175　⑧ 0.8　　　⑫ 0.075

1

❶
```
    1.7 2
5 ) 8.6 0
    5
    3 6
    3 5
      1 0
      1 0
        0
```

❹
```
    0.2 5
6 ) 1.5 0
    1 2
      3 0
      3 0
        0
```

❷
```
    1.7 2 6
5 ) 8.6 3 0
    5
    3 6
    3 5
      1 3
      1 0
        3 0
        3 0
          0
```

❺
```
    0.2 6 5
6 ) 1.5 9
    1 2
      3 9
      3 6
        3 0
        3 0
          0
```

❸ 1.56　　**❻** 0.745

2

❶
```
    1.3 5
4 ) 5.4 0
    4
    1 4
    1 2
      2 0
      2 0
        0
```

❺
```
    0.0 5 5
4 ) 0.2 2
      2 0
        2 0
        2 0
          0
```

❷
```
    0.1 3 5
4 ) 0.5 4
    4
    1 4
    1 2
      2 0
      2 0
        0
```

❻
```
    0.0 9 2
5 ) 0.4 6
    4 5
      1 0
      1 0
        0
```

❸
```
    0.1 4 4
5 ) 0.7 2
    5
    2 2
    2 0
      2 0
      2 0
        0
```

❼
```
    0.0 3 5
8 ) 0.2 8
    2 4
      4 0
      4 0
        0
```

❹ 0.135　　**❽** 0.045

1

❶
```
     0.6
15 ) 9.0
     9 0
       0
```

❻ 0.8

❷
```
     0.5
12 ) 6.0
     6 0
       0
```

❼ 0.4

❸
```
     0.5
14 ) 7.0
     7 0
       0
```

❽ 0.5

❹ 0.5　　**❾** 0.6

❺ 0.4　　**❿** 0.5

2

❶
```
      1.2 5
16 ) 2 0.0 0
     1 6
       4 0
       3 2
         8 0
         8 0
           0
```

❹ 2.32

❷
```
      1.7 5
16 ) 2 8.0 0
     1 6
     1 2 0
     1 1 2
         8 0
         8 0
           0
```

❺ 2.08

❸
```
      0.7 5
16 ) 1 2.0 0
     1 1 2
         8 0
         8 0
           0
```

❻ 0.48

20 小数のわり算(5)　　P.39・40

1
❶
```
      0.8 6
15) 1 2.9 0
    1 2 0
        9 0
        9 0
          0
```
❹0.75

❷
```
      1.4 2
15) 2 1.3 0
    1 5
      6 3
      6 0
        3 0
        3 0
          0
```
❺1.05

❸
```
      1.0 8
15) 1 6.2 0
    1 5
      1 2 0
      1 2 0
          0
```
❻2.45

2
❶2.24　❺1.45
❷0.85　❻2.35
❸5.55　❼0.08
❹1.04　❽0.061

21 3つの小数の計算　　P.41・42

1
❶5.6
❷7.6
❸3.9
❹5.1
❺1.9
❻2.7
❼10.72
❽5.45
❾5
❿12.65

2
❶12.3
❷0.07
❸23
❹7.4
❺1.3
❻4.44
❼17.8
❽35
❾35
❿28
⓫28
⓬36

22 しんだんテスト(1)　　P.43・44

1
❶10.1　❼1.8
❷6.8　❽2.1
❸23.3　❾12.6
❹8.19　❿3.22
❺3.42　⓫3.6
❻32.2　⓬5.47

2
❶1.5　❸6
❷4.8　❹20.8

3
❶3.5　❸3.2
❷1.5　❹72.5

4
❶
```
    3.7
  ×  8
  2 9.6
```
❹
```
     5.8
  ×  3 6
    3 4 8
  1 7 4
  2 0 8.8
```

❷
```
    1.9
  × 2 4
    7 6
  3 8
  4 5.6
```
❺
```
   3 0.5
  ×    9
  2 7 4.5
```

❸
```
    4 3.6
  ×    5
  2 1 8.0
```
❻
```
    0.3
  × 2 8
    2 4
  6
  8.4
```

5
❶
```
      8.5
  4) 3 4
     3 2
       2 0
       2 0
         0
```
❸
```
      2.2 5
  8) 1 8
     1 6
       2 0
       1 6
         4 0
         4 0
           0
```

❷
```
      4.3 2
  5) 2 1.6
     2 0
       1 6
       1 5
         1 0
         1 0
           0
```
❹
```
        0.8 2
  35) 2 8.7
      2 8 0
          7 0
          7 0
           0
```

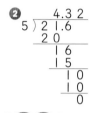

アドバイス

1でまちがえた人は，「小数のたし算」「小数のひき算」から，もう一度ふく習してみましょう。

2,4でまちがえた人は，「小数のかけ算」から，もう一度ふく習してみましょう。

3,5でまちがえた人は，「小数のわり算」から，もう一度ふく習してみましょう。

23 わり算のふく習(2) P.45・46

1

①16	⑨21あまり1	⑰32…1
②14	⑩26あまり1	⑱16…3
③13	⑪16あまり3	⑲13…2
④16	⑫214あまり2	⑳9…6
⑤13	⑬14あまり4	
⑥14	⑭11あまり5	
⑦12	⑮57あまり4	
⑧11	⑯8あまり8	

2

①142	⑥121	⑪94…3	⑯1372
②127	⑦106	⑫294…4	⑰2013
③118	⑧84	⑬113…6	⑱1008
④123	⑨133…1	⑭480…6	⑲366…1
⑤107	⑩106…2	⑮587…7	⑳642

24 わり算のふく習(3) P.47・48

1

①3	⑥8…111
②3	⑦7…12
③7	⑧7…16
④7…9	⑨6…30
⑤9…8	⑩8…33

2

①35	⑥40 16
②76	⑦68…24
③36…4	⑧83…40
④57…8	⑨213
⑤65…3	⑩95…74

25 チェックテスト(2) P.49・50

1

①19あまり2	⑦30…2	⑨39
②27	⑧8…4	⑩9…8
③39あまり4		
④15あまり3		
⑤13あまり6		
⑥14		

2

①207…2	④127…3	⑦264
②94	⑤118	⑧1208…6
③86…6	⑥761…2	

3

①8	④8…34
②7…12	⑤9
③8…60	⑥6…32

4

①347…18	③119
②76…84	④83…8

アドバイス

● 85点から100点の人

　まちがえた問題をやり直してから，次のページにすすみましょう。

● 75点から84点の人

　ここまでのページを，もう一度ふく習しておきましょう。

● 0点から74点の人

　『3年生　わり算』，『4年生　わり算』で，もう一度ふく習しておきましょう。

26 分数(1) P.51・52

1

① $\frac{12}{4} = \boxed{3}$	②$2\frac{3}{4}$	⑬$2\frac{4}{5}$
②3	③$3\frac{1}{4}$	⑭$3\frac{1}{5}$
③2	⑨$3\frac{3}{4}$	⑮$4\frac{2}{5}$
④4	⑩$4\frac{3}{4}$	⑯$5\frac{1}{5}$
⑤5	⑪$5\frac{1}{4}$	⑰$2\frac{1}{6}$
⑥6	⑫$5\frac{3}{4}$	⑱$5\frac{1}{3}$

2

①4	⑨$3\frac{5}{6}$
②$4\frac{1}{5}$	⑩$5\frac{1}{6}$
③$4\frac{2}{5}$	⑪6
④$4\frac{4}{5}$	⑫$6\frac{3}{4}$
⑤5	⑬$2\frac{1}{5}$
⑥$5\frac{3}{5}$	⑭$2\frac{3}{5}$
⑦1	⑮8
⑧3	⑯1

1
❶ $2\frac{3}{4}$　❺ 10　❾ $2\frac{3}{11}$
❷ $4\frac{3}{5}$　❻ $7\frac{2}{7}$　❿ $3\frac{3}{11}$
❸ 7　❼ 10　⓫ $1\frac{7}{12}$
❹ $9\frac{4}{5}$　❽ $5\frac{4}{9}$　⓬ $2\frac{5}{12}$

2
❶ $3\frac{1}{2}$　❽ 3
❷ $2\frac{2}{3}$　❾ $2\frac{5}{12}$
❸ $2\frac{1}{4}$　❿ 4
❹ $5\frac{1}{6}$　⓫ $3\frac{3}{14}$
❺ $8\frac{2}{7}$　⓬ $4\frac{4}{15}$
❻ 10　⓭ $3\frac{1}{16}$
❼ $2\frac{3}{10}$

1
❶ $4\frac{1}{2}$　⓫ $4\frac{1}{12}$
❷ $2\frac{1}{3}$　⓬ $5\frac{7}{13}$
❸ $2\frac{3}{4}$　⓭ 5
❹ $5\frac{2}{5}$　⓮ $5\frac{11}{17}$
❺ 7　⓯ $4\frac{5}{18}$
❻ $6\frac{5}{7}$　⓰ $5\frac{5}{19}$
❼ $5\frac{3}{8}$　⓱ 2
❽ 6　⓲ $4\frac{20}{21}$
❾ $4\frac{7}{10}$　⓳ $1\frac{1}{24}$
❿ $5\frac{5}{11}$　⓴ $2\frac{2}{25}$

2
❶ $5\frac{1}{3}$　⓫ $5\frac{9}{10}$
❷ $6\frac{3}{4}$　⓬ 5
❸ $7\frac{4}{5}$　⓭ 2
❹ $5\frac{1}{6}$　⓮ $2\frac{5}{28}$
❺ $8\frac{5}{6}$　⓯ $3\frac{1}{30}$
❻ $8\frac{5}{7}$　⓰ $4\frac{23}{30}$
❼ 10　⓱ $3\frac{3}{32}$
❽ $10\frac{3}{8}$　⓲ 3
❾ 11　⓳ $3\frac{29}{50}$
❿ $11\frac{1}{9}$　⓴ $3\frac{31}{60}$

1
❶ $\frac{8}{3}$　⓫ $\frac{5}{2}$　**2** ❶ $2\frac{2}{3}$　❻ $3\frac{2}{11}$
❷ $\frac{10}{3}$　⓬ $\frac{5}{3}$　❷ $3\frac{3}{4}$　❼ $3\frac{7}{12}$
❸ $\frac{9}{4}$　⓭ $\frac{11}{4}$　❸ $6\frac{6}{7}$　❽ $3\frac{5}{14}$
❹ $\frac{19}{4}$　⓮ $\frac{22}{5}$　❹ 6　❾ $3\frac{4}{15}$
❺ $\frac{12}{5}$　⓯ $\frac{31}{6}$　❺ $3\frac{7}{10}$　❿ $4\frac{3}{16}$
❻ $\frac{17}{5}$　⓰ $\frac{37}{7}$
❼ $\frac{25}{6}$　⓱ $\frac{53}{8}$　**3** ❶ $\frac{8}{3}$　❻ $\frac{31}{12}$
❽ $\frac{35}{6}$　⓲ $\frac{67}{9}$　❷ $\frac{15}{4}$　❼ $\frac{31}{14}$
❾ $\frac{37}{7}$　⓳ $\frac{83}{10}$　❸ $\frac{35}{6}$　❽ $\frac{37}{15}$
❿ $\frac{48}{7}$　⓴ $\frac{37}{11}$　❹ $\frac{59}{8}$　❾ $\frac{61}{16}$
❺ $\frac{97}{10}$　❿ $\frac{55}{18}$

1
❶ 16　❻ $10\frac{13}{15}$　**3** ❶ $4\frac{1}{5}$　❻ $10\frac{7}{10}$
❷ $12\frac{5}{7}$　❼ $8\frac{4}{17}$　❷ $4\frac{5}{6}$　❼ 11
❸ $10\frac{2}{9}$　❽ $10\frac{11}{19}$　❸ $4\frac{5}{7}$　❽ $21\frac{8}{13}$
❹ $8\frac{10}{11}$　❾ 13　❹ $10\frac{3}{8}$　❾ $20\frac{3}{14}$
❺ $7\frac{11}{13}$　❿ $20\frac{15}{22}$　❺ 21　❿ 21

2
❶ $\frac{17}{4}$　❻ $\frac{87}{14}$　**4** ❶ $\frac{14}{3}$　❻ $\frac{80}{7}$
❷ $\frac{35}{6}$　❼ $\frac{169}{16}$　❷ $\frac{23}{4}$　❼ $\frac{185}{12}$
❸ $\frac{59}{8}$　❽ $\frac{304}{15}$　❸ $\frac{32}{5}$　❽ $\frac{293}{14}$
❹ $\frac{87}{10}$　❾ $\frac{353}{20}$　❹ $\frac{47}{6}$　❾ $\frac{308}{15}$
❺ $\frac{125}{12}$　❿ $\frac{457}{22}$　❺ $\frac{60}{7}$　❿ $\frac{317}{15}$

1
- ① $\dfrac{3}{5}$
- ② $\dfrac{4}{5}$
- ③ $\dfrac{4}{5}$
- ④ $\dfrac{3}{7}$
- ⑤ $\dfrac{4}{7}$
- ⑥ $\dfrac{6}{7}$
- ⑦ $\dfrac{4}{9}$
- ⑧ $\dfrac{7}{9}$
- ⑨ $\dfrac{5}{11}$
- ⑩ $\dfrac{10}{11}$

2
- ① $\dfrac{1}{5}+\dfrac{4}{5}=\dfrac{5}{5}=1$
- ② $\dfrac{2}{5}+\dfrac{3}{5}=\dfrac{5}{5}=1$
- ③ $\dfrac{5}{7}+\dfrac{2}{7}=\dfrac{7}{7}=1$
- ④ $\dfrac{6}{7}$
- ⑤ $\dfrac{3}{7}+\dfrac{4}{7}=\dfrac{7}{7}=1$
- ⑥ $\dfrac{4}{9}+\dfrac{5}{9}=\dfrac{9}{9}=1$
- ⑦ $\dfrac{5}{9}$
- ⑧ $\dfrac{3}{11}+\dfrac{8}{11}=\dfrac{11}{11}=1$
- ⑨ $\dfrac{10}{11}$
- ⑩ $\dfrac{7}{13}$

1
- ① $1\dfrac{1}{7}\left(\dfrac{8}{7}\right)$
- ② $1\dfrac{3}{7}\left(\dfrac{10}{7}\right)$
- ③ $1\dfrac{2}{7}\left(\dfrac{9}{7}\right)$
- ④ $1\dfrac{1}{9}\left(\dfrac{10}{9}\right)$
- ⑤ $1\dfrac{2}{9}\left(\dfrac{11}{9}\right)$
- ⑥ $1\dfrac{4}{9}\left(\dfrac{13}{9}\right)$
- ⑦ 1
- ⑧ $1\dfrac{1}{11}\left(\dfrac{12}{11}\right)$
- ⑨ $1\dfrac{2}{11}\left(\dfrac{13}{11}\right)$
- ⑩ $1\dfrac{1}{11}\left(\dfrac{12}{11}\right)$

2
- ① $1\dfrac{3}{7}\left(\dfrac{10}{7}\right)$
- ② $1\dfrac{1}{9}\left(\dfrac{10}{9}\right)$
- ③ $1\dfrac{2}{11}\left(\dfrac{13}{11}\right)$
- ④ $1\dfrac{3}{11}\left(\dfrac{14}{11}\right)$
- ⑤ $1\dfrac{3}{13}\left(\dfrac{16}{13}\right)$
- ⑥ $1\dfrac{2}{15}\left(\dfrac{17}{15}\right)$
- ⑦ $1\dfrac{3}{17}\left(\dfrac{20}{17}\right)$
- ⑧ $\dfrac{9}{19}$
- ⑨ $1\dfrac{2}{21}\left(\dfrac{23}{21}\right)$
- ⑩ $1\dfrac{2}{23}\left(\dfrac{25}{23}\right)$

1
- ① $2\dfrac{3}{5}\left(\dfrac{13}{5}\right)$
- ② $1\dfrac{5}{7}\left(\dfrac{12}{7}\right)$
- ③ $3\dfrac{6}{7}\left(\dfrac{27}{7}\right)$
- ④ $4\dfrac{5}{9}\left(\dfrac{41}{9}\right)$
- ⑤ $3\dfrac{8}{9}\left(\dfrac{35}{9}\right)$
- ⑥ $2\dfrac{5}{11}\left(\dfrac{27}{11}\right)$
- ⑦ $4\dfrac{10}{11}\left(\dfrac{54}{11}\right)$
- ⑧ $6\dfrac{11}{13}\left(\dfrac{89}{13}\right)$
- ⑨ $6\dfrac{7}{15}\left(\dfrac{97}{15}\right)$
- ⑩ $3\dfrac{13}{15}\left(\dfrac{58}{15}\right)$

2
- ① $\dfrac{2}{5}+\dfrac{4}{5}=\dfrac{6}{5}=1\dfrac{1}{5}$
- ② $1\dfrac{2}{5}\left(\dfrac{7}{5}\right)$
- ③ $1\dfrac{3}{5}\left(\dfrac{8}{5}\right)$
- ④ 1
- ⑤ $1\dfrac{1}{7}\left(\dfrac{8}{7}\right)$
- ⑥ $1\dfrac{3}{7}\left(\dfrac{10}{7}\right)$
- ⑦ 1
- ⑧ $1\dfrac{2}{9}\left(\dfrac{11}{9}\right)$
- ⑨ $1\dfrac{5}{11}\left(\dfrac{16}{11}\right)$
- ⑩ $1\dfrac{4}{13}\left(\dfrac{17}{13}\right)$

> **アドバイス** 答えが仮分数になるとき，帯分数に直すと大きさがわかりやすくなります。

1
- ① $2\dfrac{2}{3}+\dfrac{2}{3}=2\dfrac{4}{3}$ $=3\dfrac{1}{3}$
- ② $2\dfrac{4}{5}+\dfrac{2}{5}=2\dfrac{6}{5}$ $=3\dfrac{1}{5}\left(\dfrac{16}{5}\right)$
- ③ $3\dfrac{3}{5}\left(\dfrac{17}{5}\right)$
- ④ $3\dfrac{2}{7}\left(\dfrac{23}{7}\right)$
- ⑤ $3\dfrac{6}{7}+\dfrac{5}{7}=3\dfrac{11}{7}$ $=4\dfrac{4}{7}$
- ⑥ $3\dfrac{5}{7}+\dfrac{3}{7}=3\dfrac{8}{7}$ $=4\dfrac{1}{7}\left(\dfrac{29}{7}\right)$
- ⑦ $4\dfrac{1}{9}\left(\dfrac{37}{9}\right)$
- ⑧ $4\dfrac{8}{9}+\dfrac{2}{9}=4\dfrac{10}{9}$ $=5\dfrac{1}{9}\left(\dfrac{46}{9}\right)$
- ⑨ $4\dfrac{5}{11}+\dfrac{9}{11}=4\dfrac{14}{11}$ $=5\dfrac{3}{11}\left(\dfrac{58}{11}\right)$
- ⑩ $5\dfrac{4}{11}\left(\dfrac{59}{11}\right)$

2
- ① $2\dfrac{2}{7}\left(\dfrac{16}{7}\right)$
- ② $4\dfrac{5}{7}\left(\dfrac{33}{7}\right)$
- ③ $6\dfrac{1}{9}\left(\dfrac{55}{9}\right)$
- ④ $6\dfrac{5}{9}\left(\dfrac{59}{9}\right)$
- ⑤ $7\dfrac{6}{11}\left(\dfrac{83}{11}\right)$
- ⑥ $3\dfrac{7}{13}\left(\dfrac{46}{13}\right)$
- ⑦ $5\dfrac{4}{13}\left(\dfrac{69}{13}\right)$
- ⑧ $3\dfrac{13}{15}\left(\dfrac{58}{15}\right)$
- ⑨ $6\dfrac{4}{15}\left(\dfrac{94}{15}\right)$
- ⑩ $8\dfrac{4}{17}\left(\dfrac{140}{17}\right)$

1
❶ $3\frac{3}{5}\left(\frac{18}{5}\right)$ ❻ $2\frac{5}{9}\left(\frac{23}{9}\right)$

❷ $4\frac{4}{5}\left(\frac{24}{5}\right)$ ❼ $4\frac{7}{9}\left(\frac{43}{9}\right)$

❸ $1\frac{5}{7}\left(\frac{12}{7}\right)$ ❽ $6\frac{8}{9}\left(\frac{62}{9}\right)$

❹ $3\frac{5}{7}\left(\frac{26}{7}\right)$ ❾ $3\frac{9}{11}\left(\frac{42}{11}\right)$

❺ $5\frac{6}{7}\left(\frac{41}{7}\right)$ ❿ $4\frac{9}{11}\left(\frac{53}{11}\right)$

2
❶ $1\frac{2}{3}+2\frac{2}{3}=3\boxed{\frac{4}{3}}$
$=4\frac{1}{3}\left(\frac{13}{3}\right)$

❻ $4\frac{2}{5}\left(\frac{22}{5}\right)$

❷ $1\frac{3}{5}+2\frac{3}{5}=3\frac{6}{5}$
$=4\frac{1}{5}\left(\frac{21}{5}\right)$

❼ $6\frac{3}{5}\left(\frac{33}{5}\right)$

❸ $2\frac{3}{7}+3\frac{6}{7}=5\frac{9}{7}$
$=6\frac{2}{7}\left(\frac{44}{7}\right)$

❽ $5\frac{3}{7}\left(\frac{38}{7}\right)$

❹ $3\frac{7}{9}+1\frac{7}{9}=4\frac{14}{9}$
$=5\frac{5}{9}\left(\frac{50}{9}\right)$

❾ $6\frac{1}{7}\left(\frac{43}{7}\right)$

❺ $4\frac{7}{11}+2\frac{6}{11}=6\frac{13}{11}$
$=7\frac{2}{11}\left(\frac{79}{11}\right)$

❿ $6\frac{2}{9}\left(\frac{56}{9}\right)$

1
❶ $2\frac{2}{3}+\frac{1}{3}=2\boxed{\frac{3}{3}}=\boxed{3}$ ❻ 4

❷ $3\frac{3}{5}+\frac{2}{5}=3\boxed{\frac{5}{5}}=4$ ❼ 5

❸ $3\frac{1}{5}+1\frac{4}{5}=4\frac{5}{5}=5$ ❽ 3

❹ $\frac{2}{7}+3\frac{5}{7}=3\frac{7}{7}=4$ ❾ 5

❺ $2\frac{2}{7}+1\frac{5}{7}=3\frac{7}{7}=4$ ❿ 3

2
❶ $5\frac{4}{9}\left(\frac{49}{9}\right)$ ❻ 4

❷ $5\frac{2}{11}\left(\frac{57}{11}\right)$ ❼ $7\frac{4}{15}\left(\frac{109}{15}\right)$

❸ $6\frac{2}{11}\left(\frac{68}{11}\right)$ ❽ $4\frac{12}{17}\left(\frac{80}{17}\right)$

❹ $6\frac{1}{13}\left(\frac{79}{13}\right)$ ❾ $7\frac{2}{17}\left(\frac{121}{17}\right)$

❺ $3\frac{3}{13}\left(\frac{42}{13}\right)$ ❿ $7\frac{2}{19}\left(\frac{135}{19}\right)$

1
❶ $1\frac{3}{5}\left(\frac{8}{5}\right)$ ❻ $3\frac{2}{3}\left(\frac{11}{3}\right)$

❷ $2\frac{4}{7}\left(\frac{18}{7}\right)$ ❼ $6\frac{2}{5}\left(\frac{32}{5}\right)$

❸ $3\frac{5}{9}\left(\frac{32}{9}\right)$ ❽ $6\frac{1}{8}\left(\frac{49}{8}\right)$

❹ $5\frac{2}{5}\left(\frac{27}{5}\right)$ ❾ $5\frac{7}{9}\left(\frac{52}{9}\right)$

❺ $7\frac{3}{7}\left(\frac{52}{7}\right)$ ❿ $8\frac{1}{4}\left(\frac{33}{4}\right)$

2
❶ $3\frac{2}{3}\left(\frac{11}{3}\right)$ ❻ 4

❷ 3 ❼ $5\frac{4}{5}\left(\frac{29}{5}\right)$

❸ $3\frac{1}{3}\left(\frac{10}{3}\right)$ ❽ $4\frac{5}{7}\left(\frac{33}{7}\right)$

❹ $5\frac{1}{5}\left(\frac{26}{5}\right)$ ❾ $5\frac{1}{9}\left(\frac{46}{9}\right)$

❺ 4 ❿ 6

> **アドバイス** $1+\frac{3}{5}=\frac{5}{5}+\frac{3}{5}=\frac{8}{5}$ のように考えて仮分数で答えてもよいです。

1
❶ $\frac{2}{5}$ ❻ 0

❷ $\frac{1}{5}$ ❼ $\frac{5}{9}$

❸ $\frac{3}{7}$ ❽ $\frac{7}{9}$

❹ $\frac{4}{7}$ ❾ $\frac{4}{9}$

❺ $\frac{3}{7}$ ❿ 0

2
❶ $\frac{2}{5}$ ❻ $\frac{2}{7}$

❷ $\frac{1}{3}$ ❼ $\frac{2}{9}$

❸ $\frac{4}{9}$ ❽ $\frac{2}{5}$

❹ $\frac{4}{7}$ ❾ $\frac{6}{11}$

❺ $\frac{3}{11}$ ❿ 0

39 分数のひき算（2） P.77・78

1 ❶ $\dfrac{3}{5}$　　❻ $\dfrac{5}{7}$　　**2** ❶ $\dfrac{2}{3}$　　❻ $\dfrac{6}{7}$

❷ $\dfrac{2}{5}$　　❼ $\dfrac{1}{7}$　　　　❷ $\dfrac{4}{5}$　　❼ $\dfrac{4}{9}$

❸ $\dfrac{3}{5}$　　❽ $\dfrac{5}{9}$　　　　❸ $\dfrac{2}{9}$　　❽ $\dfrac{4}{5}$

❹ $\dfrac{4}{7}$　　❾ $\dfrac{7}{9}$　　　　❹ $\dfrac{6}{7}$　　❾ $\dfrac{3}{5}$

❺ $\dfrac{3}{7}$　　❿ $\dfrac{4}{9}$　　　　❺ $\dfrac{7}{11}$　　❿ $\dfrac{7}{9}$

40 分数のひき算（3） P.79・80

1 ❶ $2\dfrac{4}{5}-\dfrac{1}{5}=2\dfrac{\boxed{3}}{5}$　　❻ $2\dfrac{6}{7}-1=1\dfrac{6}{7}\left(\dfrac{13}{7}\right)$

❷ $3\dfrac{3}{5}-\dfrac{2}{5}=3\dfrac{1}{5}\left(\dfrac{16}{5}\right)$　　❼ $3\dfrac{4}{7}-\dfrac{4}{7}=3$

❸ $2\dfrac{3}{5}-2=\dfrac{\boxed{3}}{5}$　　❽ $3\dfrac{7}{9}-\dfrac{5}{9}=3\dfrac{2}{9}\left(\dfrac{29}{9}\right)$

❹ $2\dfrac{3}{5}-\dfrac{3}{5}=2$　　❾ $2\dfrac{8}{9}-\dfrac{3}{9}=2\dfrac{5}{9}\left(\dfrac{23}{9}\right)$

❺ $3\dfrac{5}{7}-\dfrac{2}{7}=3\dfrac{3}{7}\left(\dfrac{24}{7}\right)$　　❿ $3\dfrac{5}{11}-3=\dfrac{5}{11}$

2 ❶ $2\dfrac{3}{5}-1\dfrac{1}{5}=1\dfrac{\boxed{2}}{5}$　　❻ $2\dfrac{5}{7}-1\dfrac{5}{7}=1$

❷ $2\dfrac{4}{5}-1\dfrac{3}{5}=1\dfrac{1}{5}\left(\dfrac{6}{5}\right)$　　❼ $3\dfrac{5}{9}-1\dfrac{1}{9}=2\dfrac{4}{9}\left(\dfrac{22}{9}\right)$

❸ $\dfrac{2}{5}$　　❽ $2\dfrac{5}{9}\left(\dfrac{23}{9}\right)$

❹ $3\dfrac{4}{7}-1\dfrac{3}{7}=2\dfrac{1}{7}\left(\dfrac{15}{7}\right)$　　❾ $1\dfrac{1}{9}\left(\dfrac{10}{9}\right)$

❺ $2\dfrac{2}{7}\left(\dfrac{16}{7}\right)$　　❿ $4\dfrac{8}{11}-1\dfrac{5}{11}=3\dfrac{3}{11}\left(\dfrac{36}{11}\right)$

> **アドバイス**
> $2\dfrac{4}{5}-\dfrac{1}{5}=\dfrac{14}{5}-\dfrac{1}{5}=\dfrac{13}{5}$ の
> ように考えて仮分数で答えてもよいです。

41 分数のひき算（4） P.81・82

1 ❶ $\dfrac{2}{5}$　　　　　　❻ $1\dfrac{3}{8}\left(\dfrac{11}{8}\right)$

❷ $\dfrac{4}{7}$　　　　　　❼ $\dfrac{2}{5}$

❸ $\dfrac{4}{9}$　　　　　　❽ $\dfrac{2}{7}$

❹ 1　　　　　　❾ $\dfrac{8}{9}$

❺ $\dfrac{5}{9}$　　　　　　❿ $\dfrac{6}{11}$

2 ❶ $\dfrac{2}{9}$　　❻ $\dfrac{2}{9}$

❷ $2\dfrac{1}{7}\left(\dfrac{15}{7}\right)$　　❼ $2\dfrac{5}{9}\left(\dfrac{23}{9}\right)$

❸ $1\dfrac{7}{8}\left(\dfrac{15}{8}\right)$　　❽ $2\dfrac{6}{11}\left(\dfrac{28}{11}\right)$

❹ $2\dfrac{7}{9}\left(\dfrac{25}{9}\right)$　　❾ $\dfrac{3}{11}$

❺ 3　　❿ 0

42 分数のひき算（5） P.83・84

1 ❶ $\dfrac{\boxed{9}}{7}$　　❻ $2\dfrac{\boxed{7}}{5}$

❷ $\dfrac{\boxed{11}}{7}$　　❼ $2\dfrac{\boxed{9}}{5}$

❸ $\dfrac{\boxed{8}}{7}$　　❽ $3\dfrac{\boxed{8}}{5}$

❹ $1\dfrac{\boxed{11}}{7}$　　❾ $3\dfrac{\boxed{9}}{5}$

❺ $\dfrac{\boxed{13}}{7}$　　❿ $4\dfrac{\boxed{7}}{6}$

2 ❶ $1\dfrac{2}{7}-\dfrac{5}{7}=\dfrac{\boxed{9}}{7}-\dfrac{5}{7}$
　　　　$=\dfrac{4}{7}$

❷ $1\dfrac{3}{7}-\dfrac{5}{7}=\dfrac{10}{7}-\dfrac{5}{7}$
　　　　$=\dfrac{5}{7}$

❸ $1\dfrac{4}{7}-\dfrac{5}{7}=\dfrac{11}{7}-\dfrac{5}{7}$
　　　　$=\dfrac{6}{7}$

❹ $2\dfrac{1}{7}-\dfrac{6}{7}=1\dfrac{\boxed{8}}{7}-\dfrac{6}{7}$
　　　　$=1\dfrac{\boxed{2}}{7}$

❺ $2\dfrac{2}{7}-\dfrac{6}{7}=1\dfrac{9}{7}-\dfrac{6}{7}$
　　　　$=1\dfrac{3}{7}\left(\dfrac{10}{7}\right)$

❻ $2\dfrac{3}{7}-\dfrac{6}{7}=1\dfrac{10}{7}-\dfrac{6}{7}$
　　　　$=1\dfrac{4}{7}\left(\dfrac{11}{7}\right)$

❼ $3\dfrac{2}{7}-\dfrac{5}{7}=2\dfrac{\boxed{9}}{7}-\dfrac{5}{7}$
　　　　$=2\dfrac{4}{7}\left(\dfrac{18}{7}\right)$

❽ $3\dfrac{3}{7}-\dfrac{5}{7}=2\dfrac{10}{7}-\dfrac{5}{7}$
　　　　$=2\dfrac{5}{7}\left(\dfrac{19}{7}\right)$

❾ $3\dfrac{4}{7}-\dfrac{5}{7}=2\dfrac{11}{7}-\dfrac{5}{7}$
　　　　$=2\dfrac{6}{7}\left(\dfrac{20}{7}\right)$

❿ $3\dfrac{3}{7}-\dfrac{6}{7}=2\dfrac{10}{7}-\dfrac{6}{7}$
　　　　$=2\dfrac{4}{7}\left(\dfrac{18}{7}\right)$

1
❶ $4\frac{1}{5} - \frac{3}{5} = 3\frac{6}{5} - \frac{3}{5}$
　　$= 3\frac{3}{5}\left(\frac{18}{5}\right)$

❻ $5\frac{3}{5} - \frac{4}{5} = 4\frac{8}{5} - \frac{4}{5}$
　　$= 4\frac{4}{5}\left(\frac{24}{5}\right)$

❷ $4\frac{2}{5} - \frac{3}{5} = 3\frac{7}{5} - \frac{3}{5}$
　　$= 3\frac{4}{5}\left(\frac{19}{5}\right)$

❼ $6\frac{1}{7} - \frac{5}{7} = 5\frac{8}{7} - \frac{5}{7}$
　　$= 5\frac{3}{7}\left(\frac{38}{7}\right)$

❸ $4\frac{1}{5} - \frac{2}{5} = 3\frac{6}{5} - \frac{2}{5}$
　　$= 3\frac{4}{5}\left(\frac{19}{5}\right)$

❽ $6\frac{4}{7} - \frac{5}{7} = 5\frac{11}{7} - \frac{5}{7}$
　　$= 5\frac{6}{7}\left(\frac{41}{7}\right)$

❹ $5\frac{1}{5} - \frac{4}{5} = 4\frac{6}{5} - \frac{4}{5}$
　　$= 4\frac{2}{5}\left(\frac{22}{5}\right)$

❾ $6\frac{2}{7} - \frac{4}{7} = 5\frac{9}{7} - \frac{4}{7}$
　　$= 5\frac{5}{7}\left(\frac{40}{7}\right)$

❺ $5\frac{2}{5} - \frac{4}{5} = 4\frac{7}{5} - \frac{4}{5}$
　　$= 4\frac{3}{5}\left(\frac{23}{5}\right)$

❿ $6\frac{3}{7} - \frac{4}{7} = 5\frac{10}{7} - \frac{4}{7}$
　　$= 5\frac{6}{7}\left(\frac{41}{7}\right)$

2
❶ $1\frac{1}{5}\left(\frac{6}{5}\right)$
❻ $1\frac{2}{5}\left(\frac{7}{5}\right)$
❷ $1\frac{3}{5}\left(\frac{8}{5}\right)$
❼ $3\frac{2}{7}\left(\frac{23}{7}\right)$
❸ $1\frac{1}{7}\left(\frac{8}{7}\right)$
❽ $3\frac{3}{7}\left(\frac{24}{7}\right)$
❹ $\frac{5}{7}$
❾ $3\frac{6}{7}\left(\frac{27}{7}\right)$
❺ $2\frac{3}{5}\left(\frac{13}{5}\right)$
❿ $5\frac{1}{7}\left(\frac{36}{7}\right)$

1
❶ $1 - \frac{2}{5} = \frac{\boxed{5}}{5} - \frac{2}{5}$
　　$= \frac{3}{5}$

❻ $2\frac{2}{7}\left(\frac{16}{7}\right)$

❷ $\frac{4}{5}$

❼ $3 - \frac{2}{9} = 2\frac{7}{9}\left(\frac{25}{9}\right)$

❸ $\frac{1}{5}$

❽ $3\frac{7}{9}\left(\frac{34}{9}\right)$

❹ $2 - \frac{2}{7} = 1\frac{\boxed{7}}{7} - \frac{2}{7}$
　　$= 1\frac{5}{7}\left(\frac{12}{7}\right)$

❾ $3\frac{5}{9}\left(\frac{32}{9}\right)$

❺ $1\frac{4}{7}\left(\frac{11}{7}\right)$

❿ $4\frac{1}{9}\left(\frac{37}{9}\right)$

2
❶ $3 - 1\frac{2}{5} = 2\frac{\boxed{5}}{5} - 1\frac{2}{5}$
　　$= 1\frac{3}{5}\left(\frac{8}{5}\right)$

❻ $3 - 1\frac{3}{7} = 1\frac{4}{7}\left(\frac{11}{7}\right)$

❷ $4 - 1\frac{2}{5} = 2\frac{3}{5}\left(\frac{13}{5}\right)$

❼ $2\frac{2}{7}\left(\frac{16}{7}\right)$

❸ $3\frac{1}{5}\left(\frac{16}{5}\right)$

❽ $1\frac{1}{7}\left(\frac{8}{7}\right)$

❹ $4\frac{4}{5}\left(\frac{24}{5}\right)$

❾ $4 - 2\frac{5}{9} = 1\frac{4}{9}\left(\frac{13}{9}\right)$

❺ $2\frac{2}{5}\left(\frac{12}{5}\right)$

❿ $2\frac{7}{9}\left(\frac{25}{9}\right)$

1
❶ $3\frac{2}{7} - 1\frac{5}{7}$
　$= 2\frac{\boxed{9}}{7} - 1\frac{5}{7}$
　$= 1\frac{4}{7}\left(\frac{11}{7}\right)$

❻ $2\frac{3}{7}\left(\frac{17}{7}\right)$

❷ $4\frac{1}{5} - 1\frac{2}{5}$
　$= 3\frac{6}{5} - 1\frac{2}{5}$
　$= 2\frac{4}{5}\left(\frac{14}{5}\right)$

❼ $4\frac{3}{5}\left(\frac{23}{5}\right)$

❸ $3\frac{1}{7} - 1\frac{3}{7}$
　$= 2\frac{8}{7} - 1\frac{3}{7}$
　$= 1\frac{5}{7}\left(\frac{12}{7}\right)$

❽ $5\frac{3}{8} - 3\frac{6}{8}$
　$= 4\frac{11}{8} - 3\frac{6}{8}$
　$= 1\frac{5}{8}\left(\frac{13}{8}\right)$

❹ $4\frac{3}{7} - 1\frac{4}{7}$
　$= 3\frac{10}{7} - 1\frac{4}{7}$
　$= 2\frac{6}{7}\left(\frac{20}{7}\right)$

❾ $1\frac{6}{7}\left(\frac{13}{7}\right)$

❺ $4\frac{2}{7} - 2\frac{4}{7}$
　$= 3\frac{9}{7} - 2\frac{4}{7}$
　$= 1\frac{5}{7}\left(\frac{12}{7}\right)$

❿ $6\frac{2}{9} - 3\frac{4}{9}$
　$= 5\frac{11}{9} - 3\frac{4}{9}$
　$= 2\frac{7}{9}\left(\frac{25}{9}\right)$

2
- ① $2\frac{7}{9}\left(\frac{25}{9}\right)$
- ② $2\frac{3}{7}\left(\frac{17}{7}\right)$
- ③ $1\frac{2}{5}\left(\frac{7}{5}\right)$
- ④ $3\frac{1}{3}\left(\frac{10}{3}\right)$
- ⑤ $\frac{8}{9}$
- ⑥ $1\frac{4}{7}\left(\frac{11}{7}\right)$
- ⑦ $2\frac{4}{7}\left(\frac{18}{7}\right)$
- ⑧ $1\frac{2}{5}\left(\frac{7}{5}\right)$
- ⑨ $1\frac{4}{9}\left(\frac{13}{9}\right)$
- ⑩ $2\frac{3}{7}\left(\frac{17}{7}\right)$

46 3つの分数の計算　P.91・92

1
- ① $\frac{6}{7}$
- ② $1\frac{3}{7}\left(\frac{10}{7}\right)$
- ③ $3\frac{7}{9}\left(\frac{34}{9}\right)$
- ④ $1\frac{2}{9}\left(\frac{11}{9}\right)$
- ⑤ $\frac{5}{7}$
- ⑥ $1\frac{1}{5}\left(\frac{6}{5}\right)$
- ⑦ $\frac{3}{5}$
- ⑧ $3\frac{1}{7}\left(\frac{22}{7}\right)$

2
- ① $\frac{2}{7}$
- ② $\frac{4}{9}$
- ③ $2\frac{1}{9}\left(\frac{19}{9}\right)$
- ⑥ 1
- ⑦ $\frac{4}{7}$
- ⑧ $\frac{3}{7}+\left(\frac{5}{7}-\frac{4}{7}\right)$
  $=\frac{3}{7}+\dfrac{\boxed{1}}{7}$
  $=\frac{4}{7}$
- ④ 1
- ⑨ $1\frac{1}{7}\left(\frac{0}{7}\right)$
- ⑤ $1\frac{1}{9}\left(\frac{10}{9}\right)$
- ⑩ $2\frac{4}{7}\left(\frac{18}{7}\right)$

47 分数の約分（1）　P.93・94

1
- ① $\dfrac{\boxed{1}}{3}$
- ② $\dfrac{3}{\boxed{4}}$
- ③ $\frac{3}{5}$
- ④ $\frac{4}{5}$
- ⑤ $\frac{5}{6}$
- ⑥ $\frac{2}{7}$
- ⑦ $\frac{4}{7}$
- ⑧ $\frac{5}{8}$
- ⑨ $\frac{7}{9}$
- ⑩ $\frac{9}{10}$
- ⑪ $\frac{9}{11}$
- ⑫ $\frac{5}{12}$

2
- ① $\frac{1}{2}$
- ② $\frac{1}{3}$
- ③ $\frac{3}{4}$
- ④ $\frac{2}{5}$
- ⑤ $\frac{3}{5}$
- ⑥ $\frac{1}{6}$
- ⑦ $\frac{5}{6}$
- ⑧ $\frac{4}{7}$
- ⑨ $\frac{6}{7}$
- ⑩ $\frac{7}{8}$
- ⑪ $\frac{5}{9}$
- ⑫ $\frac{9}{10}$
- ⑬ $\frac{10}{11}$

48 分数の約分（2）　P.95・96

1
- ① $\frac{1}{2}$
- ② $\frac{2}{3}$
- ③ $\frac{3}{5}$
- ④ $\frac{5}{6}$
- ⑤ $\frac{4}{7}$
- ⑥ $\frac{1}{4}$
- ⑦ $\frac{4}{5}$
- ⑧ $\frac{5}{6}$
- ⑨ $\frac{3}{7}$
- ⑩ $\frac{8}{11}$
- ⑪ $\frac{5}{8}$
- ⑫ $\frac{6}{13}$
- ⑬ $\frac{8}{9}$
- ⑭ $\frac{9}{14}$
- ⑮ $\frac{7}{15}$
- ⑯ $\frac{2}{11}$
- ⑰ $\frac{7}{12}$
- ⑱ $\frac{6}{13}$

2
- ① $\frac{5}{7}$
- ② $\frac{2}{3}$
- ③ $\frac{1}{4}$
- ④ $\frac{7}{10}$
- ⑤ $\frac{3}{5}$
- ⑥ $\frac{8}{15}$
- ⑦ $\frac{5}{7}$
- ⑧ $\frac{4}{9}$

3
- ① $\frac{1}{2}$
- ② $\frac{2}{3}$
- ③ $\frac{1}{2}$
- ④ $\frac{1}{3}$
- ⑤ $\frac{3}{4}$
- ⑥ $\frac{2}{7}$
- ⑦ $\frac{3}{8}$
- ⑧ $\frac{2}{5}$
- ⑨ $\frac{5}{6}$
- ⑩ $\frac{7}{8}$

1　❶14

❷$20\frac{10}{13}$

❸$5\frac{2}{3}$

❹$15\frac{5}{9}$

❺$27\frac{1}{15}$

❻$12\frac{3}{8}$

❼$11\frac{5}{7}$

❽$43\frac{15}{16}$

❾13

❿$13\frac{1}{4}$

2　❶$\frac{98}{19}$

❷$\frac{52}{7}$

❸$\frac{79}{17}$

❹$\frac{83}{13}$

❺$\frac{37}{11}$

❻$\frac{131}{21}$

3　❶$6\frac{4}{7}\left(\frac{46}{7}\right)$

❷$1\frac{4}{9}\left(\frac{13}{9}\right)$

❸$5\frac{2}{5}\left(\frac{27}{5}\right)$

❹8

❺$9\frac{5}{8}\left(\frac{77}{8}\right)$

❻$1\frac{4}{7}\left(\frac{11}{7}\right)$

❼$10\frac{5}{9}\left(\frac{95}{9}\right)$

❽$7\frac{5}{7}\left(\frac{54}{7}\right)$

4　❶$2\frac{4}{7}\left(\frac{18}{7}\right)$

❷$4\frac{5}{8}\left(\frac{37}{8}\right)$

❸$1\frac{3}{7}\left(\frac{10}{7}\right)$

❹$\frac{4}{9}$

❺$6\frac{1}{4}\left(\frac{25}{4}\right)$

❻$3\frac{5}{9}\left(\frac{32}{9}\right)$

❼$5\frac{2}{5}\left(\frac{27}{5}\right)$

❽6

5　❶$4\frac{4}{7}\left(\frac{32}{7}\right)$

アドバイス

　1，2でまちがえた人は，「分数」から，もう一度ふく習してみましょう。

　3でまちがえた人は，「分数のたし算」から，もう一度ふく習してみましょう。

　4でまちがえた人は，「分数のひき算」から，もう一度ふく習してみましょう。

　5でまちがえた人は，「３つの分数の計算」を，もう一度ふく習してみましょう。